AF549848

Ihre Arbeitshilfen zum Download:

Die folgenden Arbeitshilfen stehen für Sie zum Download bereit:

Sämtliche Unterlagen für die Workshops

- Checklisten
- Arbeitsblätter
- Vorlagen

Einführende Videos zu den Hauptkapiteln

Den Link sowie Ihren Zugangscode finden Sie am Buchende.

Normen Ulbrich/Frank Leuz

Workbook Leitbildentwicklung

Werte, Vision und Mission in Unternehmen gestalten und integrieren

1. Auflage

Haufe Group
Freiburg · München · Stuttgart

Bibliografische Information der Deutschen Nationalbibliothek

Die Deutsche Nationalbibliothek verzeichnet diese Publikation in der Deutschen Nationalbibliografie; detaillierte bibliografische Daten sind im Internet über http://dnb.dnb.de abrufbar.

Print: ISBN 978-3-648-13839-7 Bestell-Nr. 14126-0001
ePDF: ISBN 978-3-648-13840-3 Bestell-Nr. 14126-0150

Normen Ulbrich / Frank Leuz
Workbook Leitbildentwicklung
1. Auflage, März 2020

www.haufe.de
info@haufe.de

Bildnachweis (Cover): © aaaaimages, gettyimages

Produktmanagement: Dr. Bernhard Landkammer
Text: Normen Ulbrich / Frank Leuz
Lektorat: Ursula Thum, Text+Design Jutta Cram, Augsburg
Design: Sina Utzinger, Leuz Kommunikation, Mannheim

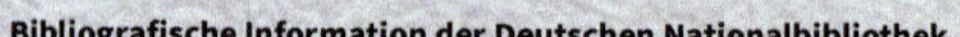

Ein Leitbild – brauchen wir das wirklich?

Immer wieder trifft man auf Unternehmen, die ein hervorragendes Produkt herstellen oder eine bemerkenswerte Dienstleistung erbringen, die aber dennoch auf keinen grünen Zweig kommen.

Diese Unternehmen können machen, was sie wollen, sie gewinnen kaum neue Kunden, haben unzufriedene Mitarbeiter und es gibt so gut wie kein Wachstum. Trotz vorhandener optimaler Voraussetzungen treten diese Unternehmen auf der Stelle.

An diesem Zustand ist sehr oft eine falsche oder sogar komplett fehlende Positionierung schuld. Schauen wir uns doch auf den Märkten unserer Zeit um: Sie sind gesättigt bis zum Überlaufen, sind rappelvoll und jede noch so kleine Nische ist bereits besetzt. Selbst die beste Qualität und der höchstmögliche persönliche Einsatz führen nicht zwingend zum Erfolg.

Der eine wartet, bis die Zeit sich wandelt,
der andere packt sie kräftig an und handelt.
Dante Alighieri

Und dennoch gibt es Wege und Möglichkeiten, einen gewinnbringenden Platz im Markt zu erobern und zu behaupten: wenn man es als Unternehmen schafft, sich von der Konkurrenz abzuheben und seine Einzigartigkeit herauszustellen. Doch dazu bedarf es einer wohldurchdachten Positionierung, also eines funktionierenden unternehmerischen Leitbilds, das allen Beteiligten Ausrichtung und echte Orientierung bietet.

Eine gelungene und treffende Positionierung hat eine ungeheure Kraft, die nach innen ebenso wie nach außen wirkt. Dieses Buch wird Sie unterstützen, die Einzigartigkeit Ihres Unternehmens in Form einer richtigen und zutreffenden Leitbilds zu erarbeiten.

Normen Ulbrich

Frank Leuz

Wir leben in unwahrscheinlich schnelllebigen Zeiten: Unternehmer müssen jeden Tag hochkomplexe Entscheidungen treffen. Die voranschreitende Digitalisierung verändert mehr und mehr unsere Arbeitswelt und ein Ende des Fachkräftemangels ist nicht in Sicht. Spannend ist, dass sich diese Entwicklungen nicht nur auf Mitarbeiter auswirken, sondern auch viele Führungskräfte unter Unsicherheit und Orientierungslosigkeit leiden.

Das vorliegende Buch von Frank Leuz und Normen Ulbrich widmet sich dem Thema, indem es einen Weg aufzeigt, das eigene Unternehmen in diesen bewegten Zeiten als Leuchtturm aufzustellen. Eine solche intensive Auseinandersetzung mit den eigenen Stärken, Fähigkeiten und Werten stellt eine enorme Bereicherung dar, weil sie dem Unternehmen auf allen Ebenen ein Werkzeug an die Hand gibt, dem Sturm etwas entgegenzusetzen.

Die Entwicklung eines Leitbildes gehört für all diejenigen Unternehmen zum Standard, denen Einfluss- und Anteilnahme der Mitarbeiter wichtig ist. Gleichzeitig beobachte ich, dass viele Unternehmen den Wert und die Durchschlagskraft eines Leitbildes noch nicht erkannt haben – hier wurde auf vermeintlich kurzem Dienstweg von oben nach unten gearbeitet und das Leitbild als reines Marketinginstrument missbraucht. Wer so agiert, hofft vergeblich auf eine gesteigerte Außenwirkung, weil die dafür relevanten Maßnahmen nach innen weder wirklich existieren noch greifen.

Den beiden Autoren ist hier ein außergewöhnliches Workbook gelungen, mit dem es Ihnen möglich wird, den gesamten Prozess inklusive aller dafür nötigen Workshops abzubilden, um mit Ihrem Team ein Leitbild zu entwickeln und es in der gesamten Belegschaft zu integrieren. Ein großer Wurf, für den Sie sonst viele Beratertage in Anspruch nehmen müssten. Herausheben möchte ich, mit welch präzisem Detailblick die beiden Autoren jeden Schritt so anleiten, dass am Ende dem Unternehmen, der Organisation und den Menschen darin ein neuer Lebensgeist eingehaucht wird.

Aus meiner Erfahrung ist der alles entscheidende Unterschied, ob Sie ein Leitbild haben oder ob Sie es leben und nutzen. Wenn Ihnen Letzteres gelingt, bewirken Sie eine Stabilisierung und Festigung Ihres Unternehmens, Sie geben Ihren Führungskräften ein Führungswerkzeug und Ihren Mitarbeitern ein Stück Sicherheit. Von innen heraus bearbeitet, wird Ihnen das eine Wirkung nach außen ermöglichen, die Interessenten, Neukunden genauso wie Bewerbern und Lieferanten die Orientierung erleichtert.

Ich wünsche Ihnen viel Freude damit, die DNA Ihres Unternehmens unter die Lupe zu nehmen, sie bewusst zu entwickeln, um sie dann als gelebte Kultur in Ihrem Wirkungskreis zu entfalten.

Ihr Hermann Scherer

Das Leitbild beschreibt das Unternehmen.

Es erläutert den Sinn und Zweck der Organisation
und macht den Unterschied zu anderen Unternehmen deutlich.

Das Leitbild erklärt die Leistungen des Unternehmens.

Es macht klar, welche Ziele das Unternehmen verfolgt
und welchen Nutzen dessen Erzeugnisse für die Kundschaft darstellen.

Das Leitbild hebt die Besonderheiten des Unternehmens hervor.

Es drückt die Einzigartigkeit des Unternehmens aus
und stellt seine Werte und Ansprüche vor.

Das Leitbild bestätigt die Entscheidungen der Zielgruppen.

Es stellt heraus, wie das Unternehmen seine Kunden sieht, wie es mit ihnen umgeht und wie die Zusammenarbeit gestaltet ist.

Das Leitbild beinhaltet Leitlinien für die Mitarbeiter.

Es gibt den Mitarbeitern wichtige Hinweise zur Orientierung. Die Mitarbeiter erkennen Zusammenhänge und den Sinn ihrer Tätigkeit. Identifikation und Motivation werden verstärkt.

Das Leitbild verbessert das Image des Unternehmens.

Es bringt das Unternehmen ins Gespräch. Es fällt auf und wird stärker beachtet. Die Attraktivität und Anziehungskraft als Arbeitgeber werden gesteigert.

Roadmap

1. Vorwort

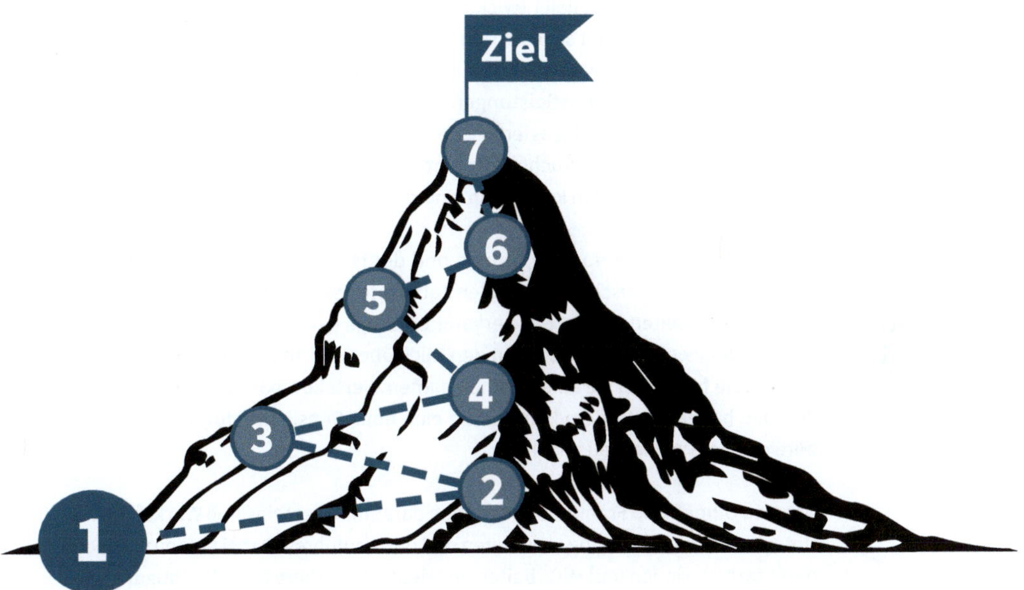

1.1 Diesen Gipfel wollen wir mit Ihnen erklimmen

Die Erarbeitung einer Positionierung und damit eines Leitbilds ist ein komplexes Unterfangen. Es ist durchaus mit dem Besteigen eines Gipfels im Hochgebirge zu vergleichen. Beides muss sorgfältig geplant und vorbereitet werden und führt dann über mehrere Etappen zum Ziel.

Deshalb haben wir das Symbol eines Berges gewählt und demonstrieren Ihnen zu Beginn jedes der folgenden sieben Kapitel, wie weit Sie inzwischen gekommen sind und wo Sie sich auf dem Weg zum Gipfel befinden.

Los geht's! Schauen Sie nach, was das Basislager am Fuße Ihres Positionierungsberges für Sie bereithält!

1.2 Über die Autoren
Sinnvolles Zusammenwirken von Personalentwicklung und Marketing

Normalerweise führen die Bereiche Personalentwicklung und Marketing jeweils ein Eigenleben. Der Personalentwickler wirkt verstärkt im Inneren des Unternehmens mit und beschäftigt sich mit den Qualifikationen und Motivationen der Mitarbeiter. Marketing hingegen ist eindeutig nach außen gerichtet und hat die Aufgabe, die Erzeugnisse oder Dienstleistungen des Unternehmens überzeugend darzustellen. Die beiden Bereiche agieren üblicherweise unabhängig voneinander und werden auch getrennt betrachtet. Es gibt zwar Themen mit ähnlichen Inhalten, jedoch arbeitet man selten konkret an einem Projekt zusammen.

Der Führungsexperte Normen Ulbrich und der Marketingfachmann Frank Leuz stellten fest, dass zwischen den beiden Tätigkeiten sehr wohl eine ganze Reihe an Berührungspunkten existiert. Sie erkannten einige gewichtige Gemeinsamkeiten in ihren Denkweisen: Beide suchen den Blick über den Tellerrand hinaus. Zudem stellten sie fest, dass sie einen gemeinsamen Wertekompass und ein ähnliches Weltbild haben. Außerdem konnten sie eine hohe Sensibilität für die Tätigkeitsbereiche des Partners ausmachen.

Normen Ulbrich und Frank Leuz begannen daraufhin, gemeinsame Workshops zur Unternehmensentwicklung anzubieten und durchzuführen. Dabei fanden vor allem die Mitarbeiterinnen und Mitarbeiter eine deutlich stärkere Berücksichtigung: Wie verstehen beispielsweise wenig beachtete Positionen wie Pförtner und Reinigungskraft, welchen Anteil sie am Wachstum und der Zielsetzung des Unternehmens haben? Wie integriert man die Mitläufer, Desinteressierten und ewigen Meckerer? Wie steigert man die Motivation der Mitarbeiter an ihrer Arbeit und wie wird die Identifikation mit dem Unternehmen verbessert?

Erste Erfolge beweisen, dass diese Zusammenarbeit eindeutig zum Vorteil für die Auftraggeber führt: Die Zielsetzungen wurden schneller und präziser erreicht.

In enger Zusammenarbeit formulierten die Partner in den letzten Jahren mit großem Erfolg eine ganze Reihe an Unternehmensleitbildern. In diesem Rahmen erfüllen die beiden Experten die Aufgaben in ihren jeweiligen Kompetenzbereichen. Abstimmungsgespräche dienen dazu, die gewonnenen Erkenntnisse zusammenzuführen. Der gegenseitige Austausch und die Nutzung aller vorhandenen Fachkenntnisse führen zu neuen Blickrichtungen und sicheren Ergebnissen. Zu den zufriedenen Kunden gehören Unternehmen der verschiedensten Branchen wie z. B. große Steuerberatungen und Anwaltskanzleien, Pflegedienste, Bauunternehmen und Unternehmensberater. Beide Spezialisten arbeiten in ihrem Beruf mit Einsatz und Leidenschaft und sind dafür bekannt, ihre Projekte in der Unternehmensplanung mit Einfühlungsvermögen und großer Sensibilität durchzuführen.

Normen Ulbrich (links) und Frank Leuz (rechts)

Für Normen Ulbrich und Frank Leuz ist das Herzstück ihrer Beratungs- und Coachingarbeit die offene und und sachlich geführte Kommunikation. Als zentrales Tool kommt sie sowohl bei ihrer Leitbildentwicklung als auch in der gemeinsamen Arbeit zum Einsatz. Dieses erfolgreiche Zusammenspiel bildet die Basis beim Verfassen des vorliegenden »Workbook Leitbildentwicklung«.

2. Einleitung

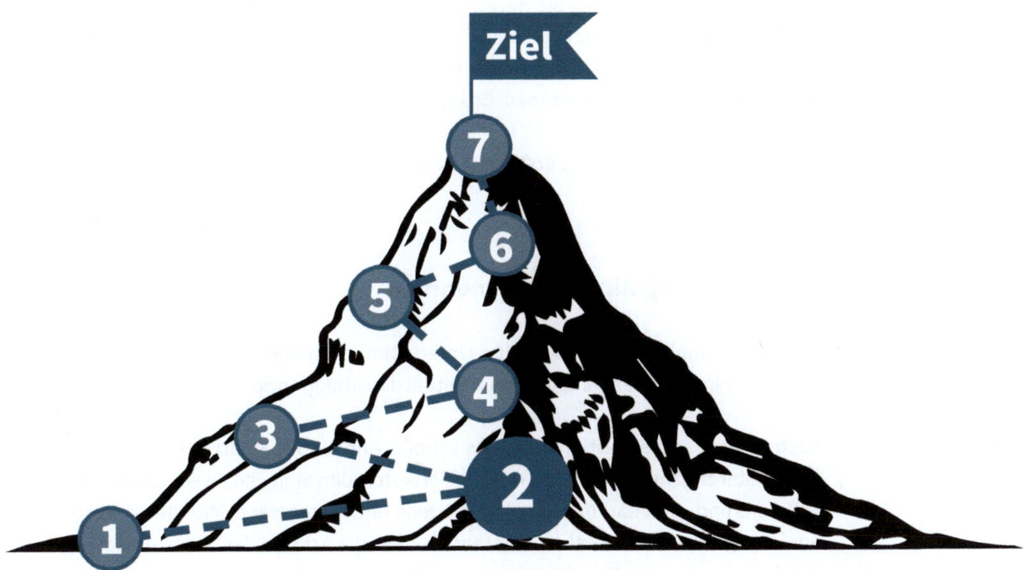

2.1 Standortbestimmung in Ihrem Leitbildprozess

Da war er wieder: Der Gipfel, den Sie im Laufe des Arbeitsbuches erklimmen werden. Ziel ist die Positionierung und damit das Leitbild Ihres Unternehmens – also Ihre Vorstellung von der wirkungsvollen und ehrlichen Darstellung nach innen und außen. Wir versprechen Ihnen: Dieses Ziel werden Sie auch erreichen!

Sie haben keine Erfahrung als Bergsteiger? Das macht nichts, denn Sie werden über alle Klippen, Abgründe, Schnee- und Eisfelder von sicheren Bergführern geleitet. Doch Achtung: Das Bergsteigen selbst, das Erklettern und Erklimmen, das können wir Ihnen nicht abnehmen. Das werden Sie selbst erledigen müssen.

Bitte beachten Sie, dass Ihre erste richtige Bergetappe mit dem Kapitel »Vision« beginnt.

2.2 Bedeutung für Ihr Unternehmen

Mit der Positionierung formuliert das Unternehmen ein realistisches Idealbild. Es erläutert sein Selbstverständnis und vermittelt die Grundprinzipien seines Handelns.

Nach innen gibt die Positionierung als Leitbild eine für alle Mitarbeiterinnen und Mitarbeiter zugängliche Orientierung. Sie erläutert den Sinn und Zweck des Unternehmens und wirkt dadurch handlungsleitend und motivierend. Mithilfe der Positionierung wird ein kollektives Verständnis über die Art und Weise des Umgangs miteinander und des Verhaltens im Unternehmen erreicht.

Nach außen macht die Positionierung klar, wofür das Unternehmen steht, auf welchem Niveau es sich bewegt sowie welche Leistungen und Qualitäten Kunden und Geschäftspartner erwarten können.

Aus der Positionierung entsteht das Leitbild des Unternehmens, das den Mitarbeiterinnen und Mitarbeitern und der Führungsebene Hinweise für alle zukünftigen Handlungen und Entscheidungen liefert.

Die Kommunikation mit den Mitarbeitern wird durch eine vorhandene Positionierung erheblich vereinfacht.

2.3 Was ist mit »Positionierung« gemeint?

Normen Ulbrich

Frank Leuz

Normen Ulbrich und Frank Leuz erklären in diesem Kapitel, wie der Begriff »Positionierung« in diesem Arbeitsbuch gemeint ist und wie sich Produkt- und Unternehmenspositionierung voneinander unterscheiden.

Für David Ogilvy, den berühmten und hochkreativen Werbeguru, ist der Begriff »Positionierung« schnell erklärt. »Positionierung« bedeutet für Ogilvy ganz simpel: was das Produkt leistet – und für wen.

Frank Leuz: Das ist ein weit bekanntes Zitat. Jedoch sollten wir bitte nicht vergessen, dass David Ogilvy ein Werbemann war. In dieser Funktion hat der Begriff »Positionierung« eine andere Bedeutung als die, die wir in diesem Arbeitsbuch meinen.

Normen Ulbrich: Das wollen wir von Anfang an klarstellen: Positionierung ist nicht in jedem Fall gleich Positionierung, sondern kann unterschiedlich ausgelegt und auch unterschiedlich verstanden werden.

Frank Leuz: Wenn ich als Inhaber einer Werbeagentur die Aufgabe erhalte, ein neues Produkt in den Markt einzuführen, dann erarbeite ich gemeinsam mit dem Auftraggeber die geeignete Positionierung. Dabei bemühen wir uns, eine Lücke im Markt zu finden, einen Platz, der im Idealfall noch nicht besetzt ist, um dem neuen Produkt eine möglichst hohe Verkaufschance zu bieten.

Normen Ulbrich: Ein klassisches Beispiel einer Produktpositionierung. Diese Auslegung von Positionierung entspricht nicht dem, was wir unter der Positionierung für ein Unternehmen verstehen. Ich bin Personalentwickler und wenn ich daherkomme und meinen Kunden eine von mir erdachte Positionierung für ihr Unternehmen vorschlage, dann würde ich mich unglaubwürdig machen.

Frank Leuz: Wenn es um das Unternehmen geht, ist eine ganze Reihe weiterer Faktoren zu berücksichtigen, zum Beispiel der Blick nach innen, zu den eigenen Mitarbeitern. Diese Innenbetrachtung kann ich als Marketingexperte gar nicht abdecken.

Normen Ulbrich: Es ist richtig, dass die Mitarbeiter des Unternehmens bei der Positionierung eines Produkts keine besondere Rolle spielen. Hier kommt es vor allem auf die Konkurrenz, die Marktsituation und die Preisgestaltung an. All das muss unbedingt berücksichtigt werden. Die Positionierung eines Unternehmens hingegen bezieht sich einzig und allein auf das Unternehmen selbst und wird komplett aus dem dort vorhandenen Denken und Handeln entwickelt.

Frank Leuz: Wir können es auch so ausdrücken: Wenn man ein neues und bisher unbekanntes Produkt auf den Markt bringt, dann sind bei der Positionierung der Fantasie und dem Einfallsreichtum keine Grenzen gesetzt. Hauptsache, der neue Artikel wird gesehen, positiv bewertet und gekauft.

Normen Ulbrich: Im Fokus der Unternehmenspositionierung bzw. des Unternehmensleitbilds stehen dagegen Glaubwürdigkeit und Authentizität. Damit diese Positionierung zum gewünschten Erfolg führt, sollte sie ein echtes Spiegelbild der vorhandenen Wirklichkeit darstellen.

Frank Leuz: Das wird so manchem Unternehmer nicht gerade leichtfallen. Viele Inhaber wünschen sich, dass ihre Geschäftspartner ihr Unternehmen so sehen wie sie selbst. Dabei schleicht sich schnell mal die eine oder andere Übertreibung in die Positionierung bzw. das Leitbild ein.

Normen Ulbrich: Hier ist dann Selbstkritik gefordert. Die Positionierung eines Unternehmens darf nun mal nicht von der Realität abweichen. Dadurch wird sie aber auch eine Spur ehrlicher als, sagen wir mal, die Argumentation für ein Waschmittel. Wer ein Produkt positioniert, kann mit seiner Argumentation und in seiner Werbung auch mal kräftig auf den Putz hauen. Das ist bei der Unternehmenspositionierung nicht vertretbar.

Frank Leuz: Es werden zwei grundsätzlich verschiedene Zielsetzungen verfolgt. Das muss sich zwangsläufig in unterschiedlichen Positionierungen ausdrücken.

Normen Ulbrich: Für uns ist die Unternehmenspositionierung ein Prozess, der zum Leitbild führt. In dieser Bezeichnung kann man bereits den Sinn und Zweck der Positionierung erkennen: Orientierung für die Mitarbeiter und Bestätigung für die Kunden.

Frank Leuz: Zurück zu unserem Buch, das sich ganz eindeutig und ausschließlich auf die Positionierung von Unternehmen bezieht. Marktsituation und Konkurrenten tauchen dabei nur am Rande auf.

Normen Ulbrich: Dafür sind die Mitarbeiter gefordert. Der beste Weg, eine zutreffende und realistische Positionierung zu erreichen, ist die Mitwirkung der Mitarbeiter bei der Entwicklung. Die Mitarbeiter kennen ihr Unternehmen bis ins Detail – ihnen kann man nichts vormachen. Sie wissen, wie der Hase läuft – was gut ist und wo es weniger gut aussieht. Sie erleben Tag für Tag sowohl die Stärken als auch die Schwächen ihres Unternehmens.

Frank Leuz: Dann kann es ja jetzt losgehen: Machen Sie Ihr Unternehmen fit für die Zukunft. Entwickeln Sie Ihre Positionierung mit der tatkräftigen Unterstützung und dem Einfallsreichtum Ihrer Mitarbeiter.

Normen Ulbrich: Wir wissen: Diese Arbeit kann man nicht übers Knie brechen. Sie ist nicht immer einfach, kostet Zeit und damit auch Geld. Doch es ist eine Investition in die Zukunft, die Ihnen nach innen und außen beträchtliche Vorteile bringen wird.

2.4 Position beziehen, nach innen und außen

Wer als Unternehmer die Funktion, Wirkung und Kraft einer Positionierung nicht erkennt, der verpasst eine hervorragende Gelegenheit zur Weiterentwicklung seines gesamten Unternehmens. Die Positionierung hat zwei klare Aufgaben zu erfüllen: Sie muss a) nach innen zu den eigenen Mitarbeitern und b) nach außen den Kunden und Geschäftspartnern die Hauptziele des Unternehmens verständlich, ehrlich und glaubwürdig kommunizieren.

Für die Mitarbeiterinnen und Mitarbeiter hat die Positionierung eine ganz besondere Bedeutung – die man auch so ausdrücken kann: Mitarbeiter, die sich über Sinn und Zweck ihrer Tätigkeit im Klaren sind, bewegen sich auf einer sicheren und soliden Basis – ganz im Gegensatz zu unwissenden Arbeitnehmern, denen alles gleichgültig ist und die einfach nur ihren Achtstundentag hinter sich bringen wollen.

Durch mehr Hintergrundwissen und zusätzliche, erläuternde Informationen wächst das generelle Interesse Ihrer Belegschaft. Ist das Interesse erst einmal vorhanden, macht die Arbeit sofort mehr Spaß, die Motivation steigt ganz von allein und die Erwartungen werden erfüllt, ohne dass Druck ausgeübt wird.

Denn es ist unbestritten: Es sind die Mitarbeiterinnen und Mitarbeiter, die den Ausschlag geben, ob die unternehmerischen Ziele erreicht werden oder nicht. Und genau deshalb sollte das Unternehmen sich um offene und sachliche Informationen bemühen, um letztendlich einen optimalen und effizienten Einsatz der gesamten Mannschaft erreichen zu können.

Die Positionierung leistet dabei unschätzbare Dienste, da sie ein wesentlicher Bestandteil einer transparenten und motivierenden Unternehmenskultur ist. Sind Ihre Mitarbeiter über Vision, Mission und Strategie informiert, verstehen sie ihre persönliche Aufgabe und ihr Arbeitsumfeld als Bestandteil des großen Ganzen und können ihre Fähigkeiten und Talenten entsprechend einsetzen.

2.5 Erhebliche Vorteile bei der Kommunikation mit den Mitarbeitern

Ein weiterer Vorteil einer Positionierung und eines daraus entstehenden Leitbilds ist der unmittelbare Einfluss auf die unternehmerische Kommunikation und – daraus abgeleitet – auf die Zusammensetzung Ihrer Belegschaft.

Die Positionierung legt fest, wie das Unternehmen sich selbst sieht und wie es von außen gesehen werden will. Folgerichtig beeinflusst die Positionierung auch Sprachstil und Verhalten und damit die gesamte unternehmerische Kommunikation. Ist die Darstellung positiv, wird sie auch positiv wahrgenommen. Das Ansehen des Unternehmens wächst, man spricht darüber, es wird empfohlen und häufiger erwähnt.

Die Positionierung: unerlässliche Kommunikation nach außen und innen

Das hat zweifellos auch Auswirkungen auf die Wahrnehmung des Unternehmens im Arbeitsmarkt, der immer kritischer und sensibler wird. Heute haben wir die Situation, dass ausgebildete und zum Unternehmen passende Fachleute ebenso schwer zu finden sind wie fähige und geeignete Führungskräfte. Dabei wissen Sie selbst: Um sich im Wettbewerb zu behaupten, gilt es, sowohl zukünftige als auch bereits vorhandene Mitarbeiter vom Status und von der Zukunft des Unternehmens zu überzeugen, sie entsprechend zu motivieren und langfristig zu binden.

Einen entscheidenden Beitrag dazu liefert die Positionierung Ihres Unternehmens, da sie kein erdachtes und nach Belieben konstruiertes Wunschbild ist, sondern aus den tatsächlich vorhandenen Fakten, Eigenschaften und Fähigkeiten Ihres Unternehmens entwickelt wird. Ihre Positionierung bzw. Ihr Leitbild macht Vergleiche mit anderen Unternehmen möglich, denn sie gibt Auskunft über Aktualität, Stellenwert und Zielsetzungen.

Als Führungskraft machen Sie keinen Fehler, wenn Sie Ihre Mitarbeiterinnen und Mitarbeiter ausführlich über Planungen, Wünsche und konkret über die aktuellen und zukünftigen Ziele und Anforderungen des Unternehmens informieren. Wenn Sie Ihre Mitarbeiter so auf dem Laufenden halten, tun Sie genau das Richtige – bei den meisten werden Sie auf Neugier, Interesse und offene Türen stoßen.

Gehen Sie beim Inhalt Ihrer Informationen über die rein sachlichen Faktoren hinaus und berücksichtigen Sie auch das Zwischenmenschliche. Versuchen Sie, nicht nur die Ratio, sondern sozusagen auch den Bauch und somit die Gefühle Ihrer Belegschaft anzusprechen. Investieren Sie gezielt und idealerweise sogar regelmäßig in Schulungen und Weiterbildungen – Sie werden Ihre Bemühungen um ein Vielfaches zurückerstattet bekommen.

2.6 Mit Ihrer Positionierung bestätigen Sie die Entscheidung Ihrer Kunden

Der liebste Kunde ist der Stammkunde – darunter verstehen wir einen Partner, der Ihrem Unternehmen, Ihren Produkten und Leistungen über Jahre hinweg die Treue hält. Wie oft haben Sie Gelegenheit, Ihren Kunden zu bestätigen, dass sie auch nach Jahren bei Ihnen noch immer an der richtigen Adresse sind? Überlassen Sie diese Aufgabe doch Ihrer Positionierung bzw. Ihrem Leitbild! Denn dort beschreiben Sie klipp und klar Ihre Leistungen und Ansprüche an sich selbst.

Ihre Kundinnen und Kunden erhalten schwarz auf weiß, dass sie keinen Fehler machen, wenn sie auch in Zukunft bei Ihnen kaufen, sich von Ihnen beraten lassen oder eine Dienstleistung Ihres Hauses nutzen.

Über die Positionierung können Kunden Ihr Unternehmen mit anderen vergleichen. Vergleichen werden Ihre Kunden sowieso, solange Sie nicht Monopolist sind – Sie müssen im Konkurrenzumfeld damit leben. Doch wenn das Leitbild stimmt, wenn sie glaubwürdig und überzeugend Ihre Leistungen widerspiegelt, ergeben sich aus diesem Vergleich nur weitere Vorteile für Sie.

Das vorliegende Arbeitsbuch liefert Ihnen optimale und aktive Unterstützung bei Ihrem Vorhaben. Es ist ein praxisbezogener Leitfaden, der alle erforderlichen Schritte auf dem Weg zur Positionierung und damit zu Ihrem zukünftigen Leitbild beinhaltet.

2.7 Wo steht das Unternehmen und wie wird es gesehen?

Zum Auftakt eines Positionierungsprozesses gilt es, die Ist-Situation, den wahren Zustand, die vorhandenen Stärken und Schwächen, die tatsächliche Leistungsfähigkeit und die Wahrnehmung aller wichtigen Gruppen aus dem Unternehmensumfeld zu ermitteln – Stakeholder, Führungskräfte, Mitarbeiter, Kunden, Lieferanten, Geschäftspartner und Bewerber. Über die Stationen Vision, Werte und Mission werden die elementaren Unternehmensfaktoren ermittelt, beurteilt und gebündelt. Dabei sollten unbedingt Mitarbeiterinnen und Mitarbeiter aus verschiedenen Ebenen des Unternehmens eingebunden sein. Eine Maßnahme, die eine Investition in die gemeinsame Zukunft darstellt.

2.8 Wie sich Veränderungen auf unser Verhalten und unsere Überzeugungen auswirken

In Anlehnung an Robert Dilts »Logische Ebenen der Veränderung« lässt sich der Weg von Veränderungen und Weiterentwicklung in einer Organisation hervorragend in Form einer Pyramide darstellen. Eine These, die wir teilen.

Dilts Modell liefert Informationen über den am besten geeigneten Punkt, um mit einer Veränderungsarbeit anzusetzen. Die logischen Ebenen zeigen auf, wo z. B. ein Problem, ein Hindernis oder ein Ziel zu finden ist. Die Veränderungsarbeit setzt dann i. d. R. auf der nächsthöheren Ebene an. Die logischen Ebenen sind hierarchisch gegliederte Ebenen des Denkens, die sich wechselseitig beeinflussen: Umwelt, Verhalten, Fähigkeiten, Werte/Glaubenssätze, Identität, Vision.

Die Funktion der jeweils höheren Ebene ist es, die Information auf der jeweils darunterliegenden Ebene zu organisieren. Veränderungen auf einer höheren Ebene führen demnach zu Veränderungen auf darunterliegenden Ebenen. Umgekehrt können Änderungen auf einer der unteren Ebenen die darüberliegenden Ebenen beeinflussen.

Jedes Ereignis findet in einer bestimmten Umwelt statt: Dazu gehören die Umgebung, der zeitliche und räumliche Kontext, die äußeren Umstände sowie die äußeren Auslöser. Die Ebene der Umwelt enthält also alle äußeren Bedingungen, die auf eine Person einwirken. Wenn wir Menschen von einem Vorgang oder einem Ereignis überzeugt sind, egal ob negativ oder positiv, dann hat unsere gewonnene Überzeugung unmittelbaren Einfluss auf die Ressourcen, die Energie, den Einsatz, also unser gesamtes Tun. Durch das Handeln von Menschen werden Arbeitsplatz, Umgebung und Umwelt gestaltet und geprägt.

Ein Beispiel aus der Praxis: Ein geschäftsführender Steuerberater wollte eine wertschätzende, kundenfokussierte Kommunikation etablieren. Aus früheren Erfahrungen war ihm klar, dass die neue Strategie nicht funktioniert, wenn sie per Anweisung von oben erfolgt. Da sowohl in der Unternehmensvision als auch in den Werten Ansatzpunkte für sein Vorhaben formuliert waren, konnte er mit seinem Team ohne viel Aufwand einfach umzusetzende Verhaltensleitsätze erarbeiten.

Veränderungen sind unerlässlich. Ohne Neuorientierung, Anpassung oder strategisches Umdenken wird es einem Unternehmen nicht möglich sein, über mehrere Jahre oder Jahrzehnte den Platz im Markt zu behaupten.

An dieser Stelle unterstützt Sie das Leitbild, das auf der oberen Ebene der Veränderung ansetzt. Im Idealfall verfügen Sie über ein flexibles Unternehmen, das Veränderungen schnell und effizient umsetzen kann und damit deutlich höhere Überlebenschancen hat, da es in der Lage ist, sich den Gegebenheiten anzupassen, unnötigen Ballast abzuwerfen und sich an den richtigen Stellen weiterzuentwickeln.

2.9 Wettbewerbsvorteile durch eine gezielt eingesetzte Positionierung

Jedes Unternehmen trifft in seinem Marktsegment auf einen, meistens jedoch auf mehrere Wettbewerber. Eine durchaus kritische Situation, die ein besonderes Geschick in der Unternehmenskommunikation erfordert. Denn: Eine ausschließlich nutzenorientierte Argumentation reicht hier bei Weitem nicht mehr aus. Es gilt vielmehr, neben dem reinen Kundennutzen auf weitere Unterscheidungskriterien zurückzugreifen, um die Vorteile für den Kunden überzeugend und glaubwürdig hervorzuheben.

Zur Erklärung: Mit »Nutzen« ist der Vorteil gemeint, der sich aus einer nachvollziehbaren Leistung ergibt. Der Nutzen beschreibt die emotionalen oder psychologischen Auswirkungen. So kann der besondere Vorteil bei einem Auto in der serienmäßig eingebauten Automatik bestehen – der Hersteller verspricht damit ein entspanntes und stressfreies Fahrerlebnis.

Allerdings bieten inzwischen fast alle Hersteller ein Automatikgetriebe an. Dummerweise argumentieren sie allesamt auch mit dem Versprechen, damit entspannt und stressfrei zu fahren. Also müssen weitere, möglichst einzigartige Entscheidungskriterien her, um den Kunden für sich zu gewinnen. Ein möglicher Weg könnte das Image der Marke, die Identifikation der Kunden mit dem Unternehmen sein. Um eine solche Identifikation zu erreichen, sind folgende Fragen zu klären:

- Wie unterscheidet sich das eigene Angebot vom Wettbewerb?
- Was sind die wichtigsten Alleinstellungsmerkmale?

Um Kundinnen und Kunden zu überzeugen, muss das Unternehmen die zentrale Frage beantworten: »Wie wollen wir gesehen werden?« Schon sind wir bei der Positionierung – ein wichtiger Bestandteil der Unternehmensstrategie. Eine gelungene Positionierung führt dabei oft zu Vorteilen im Wettbewerb. Klar, dass es dabei um mehr geht, als die Bekanntheit zu erhöhen oder das Logo zu überarbeiten. Die Wahrnehmung der Käufer ist hier wichtiger als das eigene Wunschdenken. Deshalb sollte die Argumentation im Leitbild die Bedürfnisse, Wünsche oder Probleme der Zielgruppen erfüllen und befriedigen.

2.10 Die Positionierung bestimmt die Kommunikation

Eine neu entwickelte Positionierung bewältigt einen bedeutenden Anteil, wenn es darum geht, das Image des Unternehmens zu verändern. Ein enorm wichtiger Punkt, denn das Image, die Reputation oder der Ruf eines Unternehmens – nennen Sie es, wie Sie wollen – hat unmittelbare Auswirkungen auf das unternehmerische Handeln und leistet einen beträchtlichen Beitrag zum Erreichen der Unternehmensziele.

Gleichzeitig findet eine Abgrenzung zum und eine Differenzierung gegenüber dem Leistungsangebot der Konkurrenz statt – was sich häufig als entscheidender Wettbewerbsvorteil herausstellt. Mit Ihrer Positionierung wird diese Differenzierung auch für Ihre Kundinnen und Kunden sichtbar, denn sie drückt die Vorteile markant und in Kurzform aus.

Außerdem legt die Positionierung die Kommunikationsinhalte mit Ihren Kunden fest. Wenn Sie sich einmal für diesen Weg entschieden haben, wird ab sofort die gesamte Kommunikation mit Ihren Kunden auf diesen Vorteil ausgerichtet sein.

Werden Sie die Nr. 1 in den Köpfen Ihrer Zielgruppen.
Peter Sawtschenko, Experte für Marktnischen und Positionierung

Mit Mittelmäßigkeit oder mit Leistungen und Angeboten, die schon seit Jahren auf dem Markt sind, wird es Ihnen nicht gelingen, neue Aufmerksamkeit zu gewinnen. Es gilt also, bei der Arbeit an der Positionierung genau das herauszukitzeln, was das Unternehmen von anderen unterscheidet, was es einzigartig und erinnerungswürdig macht. Steht dieser Kundenvorteil fest, können im Kontext der Positionierung durchaus noch weitere Begriffe zur Abgrenzung eingesetzt werden.

Eine einmal festgelegte Positionierung begleitet ein Unternehmen oft über viele Jahre. Ein vorschneller und unüberlegter Austausch dieser Positionierung kann zu schwerwiegenden Folgen wie z. B. unerwarteten Umsatzeinbußen führen.

2.11 Beispielhafte Argumente aus Positionierungen

In der Theorie haben wir Ihnen die Unternehmenspositionierung und ihre Bedeutung für das Unternehmen erklärt und vorgestellt. Ab hier werden wir ein wenig handfester, konkreter. Zur Anregung für die eigene Umsetzung lernen Sie einige besonders typische und in Unternehmenspositionierungen häufig anzutreffende Aussagen kennen *(Quelle: Elisabeth Göbel – Unternehmensethik)*.

In Bezug auf Mitarbeiter:

- Achtung der Würde jedes Mitarbeiters
- diskriminierungsfreie Einstellung und Förderung
- Schaffung sicherer und gesunder Arbeitsbedingungen
- Verzicht auf jede Form von Zwangs- und Kinderarbeit
- Entfaltung und Entwicklung der Mitarbeiterfähigkeiten
- Recht auf die Bildung einer Mitarbeitervertretung
- offene Information der Mitarbeiter
- Vertrauen und Respekt zwischen Vorgesetzten und Untergebenen

- Zahlung einer angemessenen Entlohnung
- Förderung der Gleichberechtigung der Geschlechter
- bessere Vereinbarkeit von Beruf und Familie *(Work-Life-Balance)*

In Bezug auf Eigentümer/Aktionäre:
- Steigerung des Unternehmenswerts und angemessene Verzinsung des Eigenkapitals
- Unternehmensführung nach bestem Wissen und Gewissen
- offene, ehrliche und frühzeitige Information der Eigentümer über alle relevanten Entwicklungen im Unternehmen

In Bezug auf die Öffentlichkeit:
- Einhaltung der Gesetze
- Schutz der natürlichen Umwelt
- Entwicklung von innovativen, gesellschaftlich verträglichen Problemlösungen
- Unterstützung der Standortkommune

In Bezug auf Lieferanten:
Hier beschränken sich die Leitbilder meist auf den Grundsatz der fairen Behandlung. Die selteneren genaueren Bestimmungen beinhalten z. B.
- den Wunsch, dauerhaft mit Lieferanten zusammenzuarbeiten,
- die Verpflichtung, Lieferanten nicht zu diskriminieren sowie
- den Verzicht auf Gegengeschäfte, die den Lieferanten unter Druck setzen könnten.

Häufiger wird von den Lieferanten ausdrücklich verlangt, dass diese sich ebenfalls an den ethischen Leitlinien des Unternehmens orientieren.

Gegenüber Konkurrenten:
- ein faires »Gegeneinander«
- die Verpflichtung, den freien Wettbewerb nicht durch Absprachen zu behindern

2.11.1 Ein Beispiel für eine gelungene Unternehmens-positionierung: dm-drogerie markt

Der Gründer der dm-drogerie markt GmbH & Co. KG Prof. Götz W. Werner unterscheidet nicht zwischen Arbeitszeit und Freizeit. Für ihn ist alles Lebenszeit. Deshalb sieht er dm in der Pflicht, verantwortungsvoll mit der Lebenszeit seiner Mitarbeiterinnen und Mitarbeiter umzugehen. Die dm-Unternehmenskultur ist geprägt von flachen Hierarchien, Mitspracherecht und großen Entscheidungsspielräumen der Mitarbeiterinnen und Mitarbeiter. Nach eigenen Angaben räumt Götz W. Werner dem Arbeitsklima einen höheren Stellenwert ein als dem Profit.

dm-Leitbild
»Wir möchten der beste Händler für drogistische Produkte sein und gleichzeitig unseren Beitrag zu einer lebenswerten Gesellschaft leisten. Dabei sollen sich die Menschen in der Arbeitsgemeinschaft mit möglichst viel Freiheit und Möglichkeiten zu eigenverantwortlicher Initiative einbringen können und so dieses Einbringen individuell wahrnehmbar machen.«

Seit 1985 bildet die Drogeriemarktkette junge Menschen aus. Zuerst auf herkömmliche Weise, wie alle anderen auch. 1998 startet dm eine Ausbildungsinitiative, um den Drogistenberuf zu stärken und mehr jungen Menschen eine Perspektive zu bieten. Die Auszubildenden sollten außerdem mehr Selbstständigkeit und dadurch ein größeres Selbstwertgefühl entwickeln und mehr Selbstverantwortung erfahren. Der übliche Begriff »Lehrling« wurde ganz bewusst in das Wort »Lernling« umgetauft. Inzwischen haben mehr als 20.000 junge Menschen dieses neue Ausbildungskonzept durchlaufen.

»Sage es mir und ich werde es vergessen, zeige es mir und ich werde mich daran erinnern, lasse es mich tun und ich werde es verstehen« – das ist die Idee, die Teil des dm-Ausbildungskonzepts ist. Der Satz wurde bei Konfuzius entliehen. Die Idee lässt sich auch mit »LidA – Lernen in der Arbeit« umschreiben.

In der Praxis überträgt der Ausbilder dem Lernling eine Aufgabe und lässt ihn zuerst theoretisch erarbeiten, wie er die Aufgabe lösen würde. Dann diskutieren Ausbilder und Lernling über den möglichen Lösungsweg und der Lernling beginnt mit der Umsetzung. Leichtere Aufgaben kann er sofort und ohne Reflexionsphase beginnen.

Ansätze zur Lösungsfindung erhält der Lernling beispielsweise in der dm-Lernwelt, einer digitalen Lernplattform, in Mitarbeiter- und Kundenmedien oder speziellen Arbeitsmaterialien. Der Lernling kann sich eigene Wege erarbeiten. Fehler sind ihm gestattet und liegen sogar im Sinn der Ausbildung. »Aus Fehlern kann man nur lernen«, sagt man bei dm.

»Wir möchten nicht nur die Kompetenz unserer Kollegen fördern, sondern auch die Entwicklung von Persönlichkeiten ermöglichen«, erzählt Christian Harms, dm-Geschäftsführer im Unternehmensbereich Mitarbeiter.

Bei dm steht der Mensch im Mittelpunkt des Handelns.

Jungen Menschen das Thema Kultur nahezubringen, hat bei dm eine große Bedeutung. So nehmen die Lernlinge während ihrer Ausbildungszeit an Theaterworkshops teil und führen ein selbst entwickeltes Bühnenstück vor ihren Kollegen, Familien und Freunden auf. Die Hierarchien im Unternehmen sind so flach, dass ein junger Auszubildender in der Kantine nicht nur neben dem Geschäftsführer sitzt, sondern auch während des Essens mit ihm plaudert.

Für seine außergewöhnlichen Leistungen im Umgang mit den Mitarbeiterinnen und Mitarbeitern zeichnete das Bundesinstitut für Berufsbildung dm mit dem Weiterbildungs-Innovationspreis 2003 aus. 2018 wurde dm zum wiederholten Mal beim Focus Award zu Deutschlands bestem Arbeitgeber im Handel gewählt und auch die Kunden honorieren Freundlichkeit und Stimmung beim Einkauf: 2015 wurde dm zum dritte Mal in Folge als Deutschlands beliebtester Händler ausgezeichnet.

2.11.2 Ein weiteres Beispiel für eine gelungene Positionierung: Hammerschmid Maschinenbau

»Wir sind eine Fabrik für Persönlichkeitsentwicklung«, beschreibt Unternehmensgründer Hans Hammerschmid lachend seine Maschinenbaufirma im oberösterreichischen Bad Leonfelden. Der brasilianische Geschäftsmann gilt mit seiner radikalen Demokratisierung rund um die Welt als Vorbild in der Personalführung.

Die Unternehmenskultur bei Hammerschmid legt besonderen Wert auf die Entwicklung jedes einzelnen Mitarbeiters. »Uns ist die langfristige Motivation wichtiger als die kurzfristige Effizienzsteigerung«, erzählt Edi Jenner-Braunschmied, einer der Geschäftsführer. Besonders auffallend bei Hammerschmid ist die Tatsache, dass jeder Mitarbeiter das Recht hat, eine Arbeit, die ihm nicht zusagt, abzulehnen und stattdessen eine Aufgabe zu übernehmen, die ihn wirklich interessiert. Ein Zitat des weiteren Geschäftsführers Martin Reingruber: »In den ersten Jahren war es faszinierend für mich zu sehen, wie Hans Hammerschmid uns mit Vertrauen überschüttet hat. Jetzt verstehe ich erst, warum er das tat. Ich habe in meiner Rolle als Chef erst lernen müssen, meinen Mitarbeitern dermaßen zu vertrauen. In meiner Schulzeit haben meine Lehrer diese Fähigkeit nicht gefördert.«

Mit ihren 40 Mitarbeiterinnen und Mitarbeitern ist die Hammerschmid GmbH auf Sondermaschinen spezialisiert. So ist nicht nur das bekannte Elektromotorrad eine Neuentwicklung, sondern praktisch jede einzelne, neue Aufgabe.

»Fehler werden dabei immer gemacht – aber ohne Fehler lernt man nicht. Ich vertraue meiner Belegschaft«, teilt Gründer Hammerschmid mit. »Man braucht mir beispielsweise keine Krankenscheine zu zeigen – wenn ein Mitarbeiter sagt, er sei krank, dann glaube ich ihm. Ein Papier vom Arzt ist überflüssig.«

Durch das große Vertrauen, das Hammerschmid seinen Mitarbeitern schenkt, bringt er seine Leute dazu, sich zu fragen: »Bin ich gut genug? Kann ich das wirklich leisten?« Hammerschmid stärkt durch sein Vertrauen das Selbstwertgefühl und die

Sicherheit seiner Mitarbeiter. Die vorhandenen Potenziale beginnen sich zu entfalten und zu wachsen.

Verantwortlich für die Entwicklung des Elektromotorrads »biista«, war ein 25-jähriger Absolvent einer technischen Hochschule. Hammerschmid erkannte dessen Talent und übertrug dem Berufsanfänger die gesamte technische Konzeption – in »normalen« Unternehmen unvorstellbar.

Schon im ersten Gespräch wird den Bewerbern gesagt: »Sie dürfen nicht nur, sondern Sie müssen sich bei uns einbringen. Wir wollen hier sehr freie Menschen haben. Das bedeutet aber auch, dass Sie sehr schnell eine Menge Verantwortung bekommen.« Manchen Bewerber schreckt diese Perspektive von einer Mitarbeit ab. Andere merken erst später, dass zu viel Freiheit sie überfordert – und verlassen das Unternehmen wieder. Die meisten Interessenten wissen jedoch schon im Vorfeld, was sie bei dem Maschinenbauer erwartet, und bringen sich begeistert ein.

»Viele Unternehmen sehen die verborgene wirtschaftliche Kraft nicht, die in jungen Mitarbeitern steckt. Mein persönliches Anliegen ist es, dass sich diese Menschen bei uns bestmöglich einbringen können. Es macht mir einfach wahnsinnig Spaß zu sehen, mit was für Ideen sie dann kommen. Und ich glaube einfach daran, dass sich das für unser Unternehmen mehrfach auszahlt, wenn wir die Entwicklung der Menschen in den Mittelpunkt stellen«, so Hammerschmid.

Inzwischen hat sich die Hammerschmid Maschinenbau in Nordfels GmbH umfirmiert. Zugleich fand ein Generationswechsel statt. Die Nordfels GmbH hat zwar drei neue Geschäftsführer, es wird jedoch ausdrücklich betont, dass die demokratische Basis des Unternehmens unverändert beibehalten wird.

2.12 Mit der richtigen Positionierung zum starken Leitbild

Ihre hart erarbeitete Positionierung bildet die perfekte Basis für mittel- und langfristige Entwicklungen im gesamten Unternehmen. Mit der Positionierung als stabilem, starkem Rückgrat steht Ihnen der optimale Kern für Ihr strategisches Management zur Verfügung.

Durch die Erarbeitung von Vision, Werten und Mission werden Sie Ihr Unternehmen mit allen Facetten gründlich kennenlernen. Anschließend gilt es, aus dem frisch gewonnenen Wissen und einer vielleicht neuen Art der Wahrnehmung das Beste für Ihr Unternehmen abzuleiten: Nutzen Sie die Inhalte Ihrer Positionierung zur Erstellung eines unternehmerischen Leitbilds. Ein Leitbild, das alle, die mit Ihrem Unternehmen in Berührung kommen, über Ihre Denkweise und über Sinn, Zweck und Ziele der Organisation aufklärt. Gleichzeitig begründet das Leitbild das Handeln und Verhalten aller Beteiligten.

Mit der Bekanntgabe und Veröffentlichung Ihres Leitbildes demonstrieren Sie, dass Sie nicht beim erreichten Status quo stehen bleiben, sondern in die Zukunft blicken und vorausschauend denken – dass Sie heute schon wissen wollen, wie das Unternehmen in fünf bis zehn Jahren aussehen wird.

Wie Sie Ihr Leitbild nachhaltig und mit Erfolg ins Unternehmen übertragen, behandeln wir ausführlich im Kapitel 7 »Integration«.

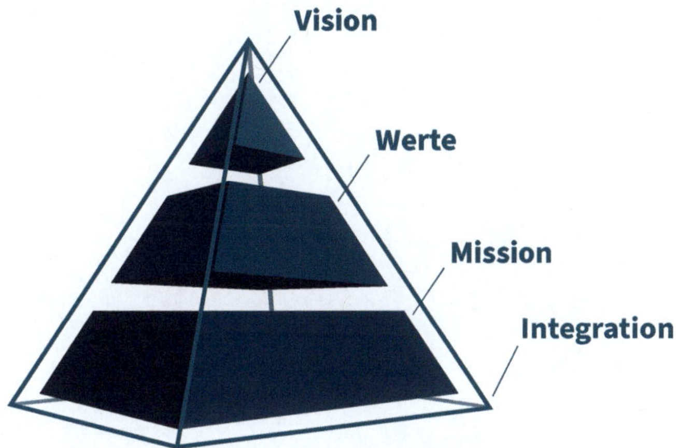

Damit Ihre Gipfelbesteigung auch sicher gelingt, bedarf es einer sorgfältigen Planung, perfekten Vorbereitung und ausführlichen Information der Teilnehmer.
In diesem Kapitel erfahren Sie, wie das Arbeitsbuch angewandt wird. Zudem erhalten Sie eine Reihe nützlicher Hinweise.

3. Über dieses Arbeitsbuch

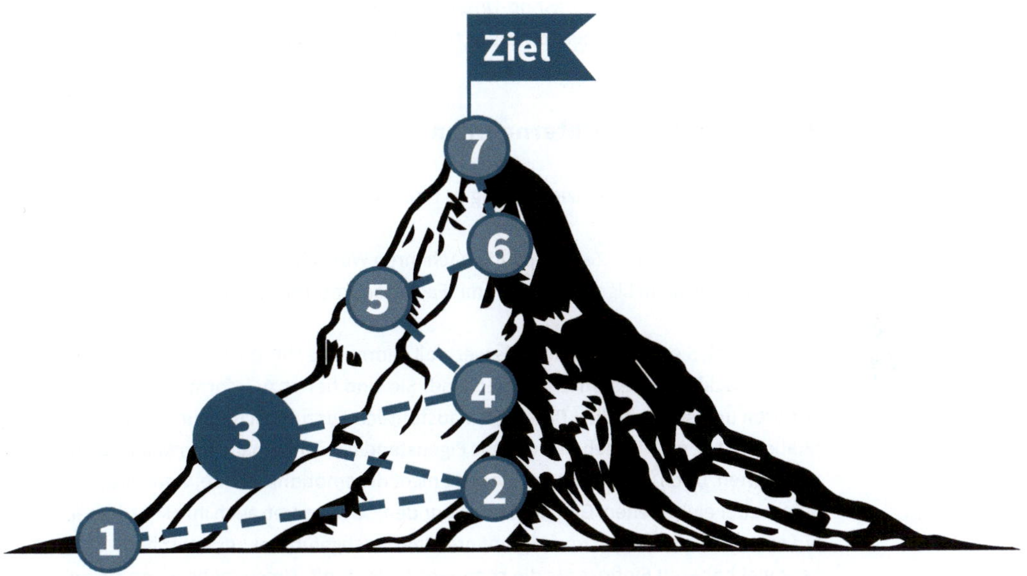

3.1 Standortbestimmung in Ihrem Leitbildprozess

3.2 Definition
3.3 Nutzen für Ihr Unternehmen
3.4 Damit die Entwicklung Ihrer Positionierung sicher gelingt
  3.4.1 Herzstück der Entwicklungsarbeit: die Workshops
  3.4.2 Eigenregie oder fachliche Begleitung?
3.5 Die Workshops
  3.5.1 Die Moderation
  3.5.2 Die Ziele
  3.5.3 Die Teilnehmer
  3.5.4 Der Ablauf
  3.5.5 Die Dokumentation
  3.5.6 Das Material
3.6 Die grüne Seite – was ist das?

3.2 Definition

Das »Workbook Leitbildentwicklung« ist eine zuverlässige und überaus gründliche Unterstützung zur Entwicklung Ihrer Unternehmenspositionierung. Es heißt deshalb »Workbook«, weil es nicht nur Hintergründe und theoretische Grundlagen enthält, sondern die kompletten Workshop-Unterlagen, inklusive aller Fragen und Aufgaben, die für die Erarbeitung einer authentischen Positionierung erforderlich sind.

3.3 Nutzen für Ihr Unternehmen

✓ sicherer und unkomplizierter Weg zu Ihrem eigenen Leitbild
✓ leicht verständlich
✓ flexibel aufgebaut, Zeiteinteilung nach Ihren Wünschen
✓ durchführbar in Eigenregie oder mit Fachmoderatoren

Kompliment, Sie haben erkannt, wie wertvoll informierte Mitarbeiter für die Zukunft und Entwicklung Ihres Unternehmen sind. Sie sind bereit zu informieren, zu diskutieren und sich mit allen Beteiligten ausführlich auszutauschen, um die Identifikation mit dem Unternehmen und die Eigenständigkeit innerhalb Ihrer Mannschaft zu erhöhen. Doch unterschätzen Sie bitte nicht die emotionale Seite, wenn Sie Ihre Mitarbeiter einbeziehen. Genau wie Ihre Kunden, so reagieren auch Ihre Mitarbeiter auf emotionale Aussagen und Argumente. Das Bauchgefühl hat bei Menschen einen sehr viel höheren Einfluss als die sogenannte Vernunft. Umso mehr, wenn sie an der Entstehung dieser Aussagen maßgeblichen Anteil haben.

Mit der Einbindung Ihrer Mitarbeiter in den Entwicklungsprozess beweisen Sie, dass Sie Ihre Belegschaft ernst nehmen und dass Sie ihre Ansichten und Meinungen für die Zukunft Ihres Unternehmens berücksichtigen. Mit dieser Denkweise entfalten Sie eine enorme, gemeinsame Zugkraft – zum Vorteil aller Beteiligten.

Die Zeiteinteilung bestimmen Sie selbst!

3.4 Damit die Entwicklung Ihrer Positionierung auch sicher gelingt

Die Entwicklung Ihres Leitbildes ist kein Selbstläufer. Sie und Ihre Mitarbeiter werden einiges an Zeit und Energie investieren, um zum gewünschten Erfolg zu kommen. Der Weg führt Sie und Ihr Entwicklungsteam durch die Workshops »Vision«, »Werte« und »Mission«. Mit den dort ermittelten Kernthemen erhalten Sie genau die richtigen Unternehmensfakten zur Formulierung einer einzigartigen, zukunftsorientierten Positionierung.

Mit dem »Workbook Leitbildentwicklung« haben Sie einen Leitfaden erstanden, der alle notwendigen Schritte im jeweils erforderlichen Tiefgang enthält – und genau darauf kommt es an. Eine ernst gemeinte Positionierung kann nicht einfach nebenher entstehen. Um die wahren Werte, tatsächlichen Leistungen und alle wichtigen Eigenschaften, die Ihr Unternehmen zu bieten hat, herauszuarbeiten, sind einige Tage Zeitaufwand in der Summe unerlässlich. Wie und wann Sie die einzelnen Workshop-Blöcke abarbeiten, bleibt Ihnen überlassen.

Gehen Sie bitte davon aus, dass die Gesamtzeit der Entwicklung inklusive eines von den Autoren empfohlenen Reifeprozesses sechs bis zwölf Monate beanspruchen wird. Erst im Anschluss daran wird die neue, von Ihnen festgelegte Positionierung in das Alltagsleben des Unternehmens übertragen und kann fortan »gelebt« werden.

Sie können aber sicher sein, dass jede Minute, die mit dieser Arbeit verbracht wird, sinnvoll, berechtigt und bereichernd für Ihr Unternehmen ist.

3.4.1 Herzstück Ihrer Entwicklungsarbeit: die Workshops

Einen besonderen Stellenwert nimmt die Durchführung der Workshops ein. Die Recherchen, Entwicklungen und die sich daraus ergebenden Resultate bilden quasi das »Rückgrat« Ihres Leitbildprozesses.

Die Autoren raten Ihnen, jeden einzelnen Workshop gründlich vorzubereiten. Die folgende Ablaufbeschreibung sagt Ihnen, worauf es ankommt und was bereits im Vorfeld zu berücksichtigen ist.

Es ist aufregend und macht Spaß, wenn Sie Ihr Unternehmen und sich selbst erforschen und entdecken.

Es sollten nicht mehr als zwölf Teilnehmer an einem Workshop beteiligt sein. Wenn Sie mit Ihren Mitarbeiterinnen und Mitarbeitern jedes Kapitel dieses Buches nacheinander abarbeiten, werden Sie das Ziel – die Positionierung des eigenen Unternehmens – sicher und aus allen wichtigen Perspektiven durchdacht erreichen.

Das Buch ist so flexibel aufgebaut, dass Sie selbst entscheiden können, wann ein Workshop für Sie am besten passt und wie viel Zeit er beanspruchen soll.

Bitte beachten Sie: Alle Zeitangaben sind grobe Schätzungen. Sollten Sie an manchen Stellen mehr oder weniger Zeit benötigen, fühlen Sie sich frei, diese nach Ihrem Gusto anzupassen.

3.4.2 Eigenregie oder fachliche Begleitung?

Mit dem »Workbook Leitbildentwicklung« können kleine und mittlere Unternehmen per Inhouse-Workshops und ohne sonstige externe Beteiligung zu ihrer Positionierung finden.

Tipp: Beachten Sie diese Anleitung bitte sehr genau. Halten Sie sich an die vorgegebene Reihenfolge und machen Sie alle aufgeführten Übungen und Aufgaben vollständig. Sie werden ohne Probleme die gewünschten Ergebnisse erzielen.

Für den Fall, dass Sie auf Nummer sicher gehen wollen und Ihre Positionierung lieber mit professioneller Begleitung erarbeiten möchten, stehen Ihnen die beiden Autoren gerne zur Verfügung. Bei Interesse erhalten Sie ein Angebot und einen zeitlichen Rahmen. Die beiden Positionierungsexperten übernehmen dann auch die Moderation und Leitung der Workshops.

Frank Leuz
0179 9245638
leuz@leuz-kommunikation.de

Normen Ulbrich
0177 6779577
NUlbrich@im-nu.com

Leitbildentwicklung

Buch
100 % allein arbeiten

Buch+
medial unterstützt
regelmäßige Videoimpulse

Premium
telefonisch unterstützt
regelmäßige Videoimpulse, Telefonsupport

Premium+
workshopweise begleitet
regelmäßige Videoimpulse, Telefonsupport, Präsenzworkshops, Integrationsworkshop

Elite
komplett begleitet
regelmäßige Videoimpulse, Telefonsupport, Präsenzworkshops, Team-/FK-Trainings, Marketingmaterial, Marketingplanung, Integrationsbegleitung

3.5 Die Workshops

3.5.1 Die Moderation

Wenn Sie Ihre Positionierung vollständig in Eigenregie – also ohne Unterstützung der beiden Autoren – durchführen wollen, dann sollten Sie einen Mitarbeiter oder eine Mitarbeiterin als Moderator auswählen – eine anerkannte Respektsperson mit Durchsetzungskraft. Der oder die Ausgewählte achtet darauf, dass die Aufgaben im Buch bis ins Detail gelöst werden und behält das Workshopziel im Auge – und sollte kein Problem haben, einen ganzen Tag lang eine Gruppe von Kollegen anzuleiten.

Der Moderator oder die Moderatorin ist zuständig für die Vorbereitung und kümmert sich um die Workshoptools. Er oder sie wird vor den anderen am Veranstaltungsort sein, um die Räumlichkeiten und Sitzordnung usw. zu überprüfen.

Tipp: In den allermeisten Fällen reicht es völlig, wenn der Moderator oder die Moderatorin die wichtigsten Aspekte zu einer Frage sammelt, statt sie vollständig zu bearbeiten. Er oder Sie kann darauf vertrauen, dass die wichtigsten Punkte »an der Oberfläche« liegen. Die Teilnehmer werden bei der Stange gehalten, wenn die Moderation lebendig, kurz und knackig ist und nicht in langatmige Diskussionen ausartet. Der Moderator oder die Moderatorin orientiert sich am besten an den empfohlenen Zeiten.

3.5.2 Die Ziele

Die Workshops, die Sie mit Ihren Mitarbeiterinnen und Mitarbeitern durchführen werden, beinhalten sowohl für das Unternehmen als auch für alle Beteiligten große Chancen zur Weiterentwicklung. Der Erfolg Ihrer Aktivitäten wird noch größer sein, wenn Sie sich klare Ziele setzen – wenn Sie beispielsweise sehr konkret beschreiben, was am Ende der Workshops erreicht werden soll. Beachten Sie zu diesem Abschnitt den Exkurs »Ziele formulieren, die ein Projekt zum sicheren Erfolg führen. Die SMART-Methode« auf der folgenden Seite.

Je tiefer Sie die Teilnehmer Ihres Workshops in Ihre Gedanken einweihen, desto intensiver werden Beteiligungen und Beiträge ausfallen. Liefern Sie deshalb bereits bei der Einladung die wesentlichen Hintergrundinformationen gleich mit.

Beginnen Sie mit der Beschreibung der Veränderung oder besser ausgedrückt: der Optimierung, die die Unternehmensleitung durch die Entwicklung der Positionierung erreichen will. Erklären Sie, dass diese Maßnahme auf die zukünftige Stellung des Unternehmens im Markt zielt, aber auch die Aufwertung jedes einzelnen Arbeitsplatzes bedeutet. Informieren Sie, dass das Gesamtpaket in mehrere Einzelworkshops aufgeteilt wird.

Jeder einzelne dieser Workshops ist ein notwendiger Schritt auf dem Weg zur zukünftigen Unternehmenspositionierung. Es ist von elementarer Bedeutung, dass jede Teilnehmerin und jeder Teilnehmer das Workshopziel und seinen Wert fürs Unternehmen ebenso wie für sämtliche Mitarbeiter versteht, nachvollziehen kann und verinnerlicht. Machen Sie Ihren teilnehmenden Mitarbeitern unbedingt die Ernsthaftigkeit des gesamten Unterfangens klar. Informieren Sie detailliert über den Veranstaltungsort, die geplante Dauer und auch über Nebensächliches, wie z. B. Pausen, Catering oder die Kleiderordnung.

Nur wer sein Ziel kennt,
findet den Weg.

Lao Tse, chinesischer Philosoph

Die Übungen und Aufgaben erfolgen zwar in gelöster und lockerer Atmosphäre, das Ganze ist jedoch alles andere als ein Unterhaltungsprogramm, sondern ein bedeutender und ernst zunehmender Schritt in die gemeinsame Zukunft.

Unsere Ziele

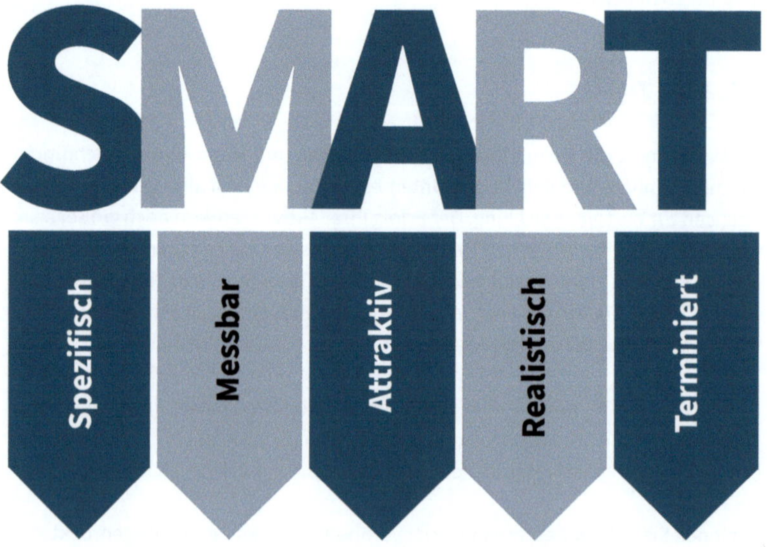

Exkurs: Ziele formulieren, die ein Projekt zum sicheren Erfolg führen. Die SMART-Methode

Es kann nicht häufig genug betont werden, wie wichtig konkrete und messbar formulierte Ziele sind. Je genauer und präziser Sie Ihre Ziele in der Vorbereitung fassen, desto größer sind die Chancen, dass Sie diese auch tatsächlich erreichen. Es ist deshalb von großer Bedeutung für das gesamte Projekt, dass vor dem eigentlichen Start eine Analyse der aktuellen Situation und eine genaue Formulierung der von Ihnen angestrebten Ziele stattfindet. Aktive Unterstützung bei der Zielformulierung liefert Ihnen dabei die SMART-Methode. Warum diese Methode auch für Ihr Vorhaben wichtig ist? Ganz einfach: Weil häufig Ziele vorgegeben werden, die – wenn man genau hinschaut – gar keine Ziele sind. Oft genug werden Aktivitäten und Planungen als Ziele benannt.
Hier Beispiele für Ziele, die keine Ziele sind:

- Senkung der Herstellungskosten
- hohe Qualität
- Umzug des Unternehmens
- neue Website

Bei Beendigung eines Projekts mit so einem »Ziel« sind die Teilnehmer der Meinung, sie hätten es mit Erfolg abgeschlossen – der Unternehmer als Auftraggeber wird das aber ganz anders sehen. Hier liegt der tatsächliche Wert der SMART-Methode: Sie sorgt dafür, dass alle Beteiligten ein einheitliches Bild im Kopf haben, ein und dieselbe Vorstellung von dem, was gemeinsam erreicht werden soll. Ein weiterer Vorteil von SMART ist der einfache Aufbau und Umgang damit: Sie orientieren sich an den fünf Anfangsbuchstaben – sie stehen für die fünf entscheidenden Kriterien, die eine sauber formulierte Zielsetzung erfüllen sollte.

Spezifisch
Die zu erreichenden Ziele sollen so einfach und präzise wie möglich formuliert sein. Hintergrund: Alle am Projekt Beteiligten sollen dasselbe Wissen, dieselbe Vorstellung von dem haben, was erreicht werden soll.

Messbar
Es müssen Kriterien festgelegt werden, an denen das Erreichen des Ziels gemessen werden kann. Die beste Lösung sind natürlich konkrete Zahlen – was nicht immer möglich sein wird. Die Messung ist zugleich ein hervorragendes Instrument, um den Projektablauf zu kontrollieren.

Attraktiv
Die formulierten Ziele sollen attraktiv und ansprechend sein. Je größer die intrinsische Motivation und der persönliche Nutzen, desto größer ist auch die Umsetzungswahrscheinlichkeit.

Realistisch
Nur realistische Ziele werden ernst genommen und seriös behandelt. Ein Ziel ist nur dann realistisch, wenn es direkt beeinflussbar ist. Außerdem sollte für ein realistisches Ziel auch ein realistischen Zeitrahmen vorgegeben werden.

Terminiert
Jedes Ziel braucht einen klare Terminierung, einen endgültigen Zeitpunkt, zu dem das Ziel erreicht sein soll.

3.5.3 Die Teilnehmer

Unterschätzen Sie diesen Punkt bitte nicht: Durch die Auswahl der Teilnehmerinnen und Teilnehmer bestimmen Sie das gesamte Niveau und somit auch das Ergebnis Ihrer Ermittlungs- und Entwicklungsarbeit.

Legen Sie vor der Einladung zum ersten Workshop einen festen Kreis an Teilnehmerinnen und Teilnehmern fest. Die besten Ergebnisse haben wir mit Workshopgruppen mit acht bis maximal zwölf Teilnehmern erlebt. Jeder Einzelne, den Sie auswählen, sollte echtes Interesse sowie Engagement und Einsatzbereitschaft mitbringen. Stellen Sie sicher, dass die eingeladenen Mitarbeiter für alle folgenden Workshops und Follow-up-Veranstaltungen zur Verfügung stehen. Prüfen Sie, ob jeder Teilnehmer bereit ist, 100%igen Einsatz für das Unternehmen zu leisten. Überlegen Sie bei der Zusammensetzung des Teams, in welcher Konstellation – fachlich ebenso wie menschlich – Sie die wahrscheinlich besten Ergebnisse für Ihr zukünftiges Leitbild erzielen.

3.5.4 Der Ablauf

Die Teilnehmer haben ein besseres Gefühl und erhalten Klarheit, wenn sie wissen, was sie in den Workshops erwartet. Geben Sie deshalb allen Teilnehmern Einblick in den Ablauf der Veranstaltung, z. B. in Form einer schriftlichen Agenda.

Zur Zeiteinteilung: Vier Blöcke zu jeweils 1,5 Stunden haben sich als Grundstruktur bewährt. Mit zwei Blöcken am Vormittag und zwei weiteren am Nachmittag plus den dazugehörigen Pausen ist ein Acht-Stunden-Workshop-Tag schnell gefüllt. Es steht Ihnen aber auch frei, die Workshops breiter aufzuteilen mit z. B. nur zwei Stunden Arbeitszeit am Tag.

Der Moderator oder die Moderatorin beginnt mit der Vorstellung der Teilnehmer, erläutert das Workshopziel, den geplanten Tagesablauf mit den Pausen und die inhaltlichen Punkte, die abgearbeitet werden. Er oder sie vermittelt, dass sich das Gesamtergebnis aus vielen einzelnen Mosaiksteinen zusammensetzt, geht auf die Aufgaben ein und verdeutlicht den Teilnehmern, dass jede gestellte Frage und ihre Beantwortung ihre Berechtigung haben – und mit ihnen entsprechend sorgfältig umzugehen ist.

Tonalität: Wir empfehlen, in den ersten Stunden eher öffnend und auflockernd zu moderieren. Gegen Ende des Tages – im engen Zusammenspiel mit den Aufgaben des Buchs – führt der Moderator oder die Moderatorin die Ergebnisse zusammen, diskutiert sie und verkündet letztendlich das gemeinsam erreichte Ziel.

Zum Zeitaufwand: Sie finden am Ende jeder Aufgabenstellung eine Netto-Zeitangabe, die Ihnen als Richtwert und Empfehlung dienen soll. Kalkulieren Sie jedoch sicherheitshalber 20 Prozent zusätzliche Pufferzeit mit ein. Es hat sich bewährt, etwa alle 90 Minuten eine Pause von 20 bis 30 Minuten einzulegen. Die genaue Einhaltung des Zeitfensters liegt in der Verantwortung des Moderators. Der Zeitaufwand sollte sich jedoch am Umfang der Aufgabe orientieren.

Ein Aufgabenblock sollte unserer Empfehlung nach immer in einem geschlossenen Workshop abgearbeitet werden.

3.5.5 Die Dokumentation

Der Moderator oder die Moderatorin ist verantwortlich für die tägliche Dokumentation, also das Zusammenfassen und schriftliche Fixieren der Ergebnisse aus den einzelnen Aufgaben. Wenn Sie zusätzlich in jedem Arbeitsabschnitt Fotos machen, können Sie anschließend ein Protokoll des Workshops anfertigen, das die Ergebnisse und die Fotos enthält. Dieses Protokoll stellen Sie den Teilnehmern zeitnah zur Verfügung.

3.5.6 Das Material

Die Autoren empfehlen, das gesamte,erforderliche Material zur Verfügung zu stellen. Unsere Checkliste auf der »grünen Seite« zählt die Materialien auf, die Sie für die Workshops benötigen. Die Checkliste wird Ihnen die Planung und Vorbereitung der Workshops erleichtern.

Unsere Checkliste hilft Ihnen, alles Erforderliche zusammenzustellen.

3.6 Die grüne Seite – was ist das?

Die grüne Seite wird Ihnen beim Durcharbeiten dieses Buchs noch häufiger begegnen: Sie finden sie jeweils am Ende eines Workshops. Auf der grünen Seite werden die von Ihnen gewonnenen Ergebnisse festgehalten und dokumentiert. Jede einzelne grüne Seite zeigt Ihnen an, dass Sie ein weiteres Workshopkapitel komplett durchgearbeitet haben.

Die Farbe Grün signalisiert Ihnen zugleich, dass Sie freie Fahrt für den nächsten Abschnitt haben.

Auf geht's!

Es sollte alles, was Sie benötigen, vorhanden sein. Ihr Abenteuer mit dem Ziel »Positionierung« kann starten, wann immer Sie wollen. Wir wünschen Ihnen und Ihrem Team viel Erfolg und gutes Gelingen.

Ärmel hoch – es geht los!

Die grüne Seite: Checkliste für die Workshops

Was ist zu beachten?	**Wer ist für die Umsetzung verantwortlich?**	**Bis wann?**	**Erledigt ✓**
Teilnehmerliste zusammenstellen *(8–12 TN)*			
Moderator bestimmen/engagieren			
Tagesordnung und -ablauf festlegen			
Termin festlegen			
Einladung entwerfen			
Einladung verschicken			
geeignete Räumlichkeiten finden und buchen *(Raumgröße beachten, Atmosphäre prüfen, Störfaktoren ausschließen)*			
für Verpflegung sorgen			
ggf. Anreise und Unterkunft organisieren			
Arbeitsmaterialien bereitstellen • 1 Flipchart, inkl. Papier • 12 Moderationsmarker *(Stifte)* • 1 Beamer • 5 Pinnwände • Moderatorenkoffer • Blöcke und Stifte für die Teilnehmer			
Informationsmaterial bereithalten			
Namensschilder schreiben			
»Nacharbeit« und Folgeveranstaltungen organisieren			
Sonstiges			

Alle Vorbereitungen sind getroffen, die Rucksäcke sind gepackt und die Bergschuhe geschnürt. Jetzt – mit dem Kapitel »Vision« – beginnt der eigentliche Aufstieg zum Gipfel.

4. Die Vision – die treibende Kraft im Unternehmen

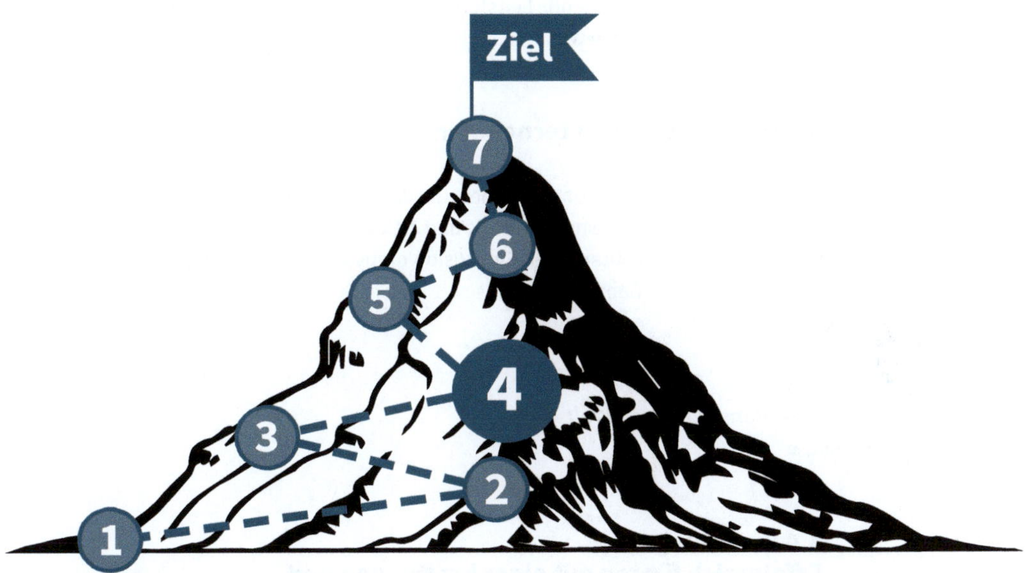

4.1 Standortbestimmung in Ihrem Leitbildprozess

4.2 Definition
4.3 Nutzen für Ihr Unternehmen
4.4 Einleitung
4.5 Workshop – Ermittlung Ihrer Unternehmensvision
- 4.5.1 Ist-Analyse
- 4.5.2 Annäherung an die persönliche Vision
- 4.5.3 Visionsbild – Gefühle und Wünsche aus dem Unterbewusstsein
- 4.5.4 Visionsentwurf – klar fokussiert und verständlich formuliert
- 4.5.5 Die Freigabe der Vision

4.6 Die grüne Seite: Ihre Unternehmensvision

4.2 Definition

Die tragenden Säulen einer zukunftssicheren Positionierung sind die Vision, die Werte und die Mission. Die Vision enthält dabei die unternehmerische Zielsetzung für die nächsten fünf bis zehn Jahre. Die Vision hat eine überaus wichtige Funktion: Sie ist der alles überstrahlende Leitstern, der klar und unverkennbar verdeutlicht, wo das Unternehmen hin will.

4.3 Nutzen für Ihr Unternehmen

Die Vision unterstützt das Unternehmen, um das Bewusstsein der Mitarbeiterinnen und Mitarbeiter auf gemeinsame Ideale und Ziele auszurichten. Sie inspiriert, motiviert und begeistert Mitarbeiter. Eine Vision motiviert auch deshalb, weil sie den Blick auf das große Ganze lenkt.

Sei du selbst die Veränderung,
die du dir wünschst für diese Welt.
Mahatma Ghandi

4.4 Einleitung
Erfolgreich führen mit einer kraftvollen und motivierenden Vision!

Wir leben in einer Zeit ständiger Veränderung. Ein Unternehmen, das ohne Sorgen in die Zukunft blicken will, muss sich die Frage stellen: »Wohin wollen wir uns entwickeln?«

Die Antwort auf diese *(über-)*lebenswichtige Frage gibt Ihnen die Vision. Denn in der Vision wird die Zukunft Ihres Unternehmens dargestellt. Wo wollen wir hin und wie sehen wir uns in fünf oder zehn Jahren? Ihre Vision beschreibt diesen angestrebten, also idealen Zustand. Dazu gehören auch Überlegungen, auf welchem Weg und mit welchen Mitteln dieses Zukunftsmodell erreicht werden soll.

Ihre Vision bietet die Möglichkeit, die Eigenverantwortung der Mitarbeiterinnen und Mitarbeiter zu verbessern und Entscheidungsbefugnisse zu übertragen. Die Folge davon sind weniger Stress und eine geringere Belastung der Führungsebene.

Die Vision fördert die Innovationskraft im Unternehmen und verhilft in den meisten Fällen auch zu einer Verbesserung der wirtschaftlichen Ergebnisse.

Vision – Wirkung nach innen

Für die Mitarbeiterinnen und Mitarbeiter ist die Vision Kompass und Antriebsquelle zugleich. Sie erklärt, wie die Menschen im Unternehmen miteinander umgehen, und verbessert dadurch Kommunikation und Zusammenarbeit. Eine für alle Beteiligten nachvollziehbare Vision erleichtert die Identifikation und erhöht das »Wir«-Gefühl bei der Belegschaft. Denn jetzt kann jeder erkennen, was das Unternehmen plant und welche langfristigen Ziele erreicht werden sollen. Der Spaß an der Arbeit nimmt zu, da der Sinn der eigenen Tätigkeit erläutert wird.

Vision – Wirkung nach außen

Die Kunden, Lieferanten und Geschäftspartner wie Banken, Versicherungen und Anwälte erleben die Vision nicht unmittelbar. Doch sie spüren im Umgang mit den Vertreterinnen und Vertretern des Unternehmens, dass eine Leitlinie existiert. Die Mitarbeiter vermitteln den Kunden durch Auftreten und Umgangston, wofür das Unternehmen steht. Über die Kenntnis der Vision wird auf diese Weise Vertrauen gewonnen und Kompetenz übertragen. Kunden vertrauen dem Unternehmen, denn sie sehen, dass hier langfristig geplant wird.

Vision – ein Fazit

Visionen sind sehr verschieden. Denn alle Menschen und somit auch alle Gründer und Unternehmer unterscheiden sich oft beträchtlich voneinander. Ihre Vorstellungen, Motivationen und Wunschbilder sind vollkommen anders, ja häufig sogar gegensätzlich.

Während der eine sich langfristige Sicherheit und ein ausreichendes Einkommen wünscht, will der andere nur so viel Zeit mit seiner Arbeit verbringen, wie unbedingt erforderlich ist. Ein Dritter sucht seine Befriedigung, indem er sich intensiv in seinem Unternehmen engagiert und Wert auf perfekte Ergebnisse legt. Der Nächste wiederum sucht Erfolge durch neue Methoden und wenig begangene Wege.

Man kann davon ausgehen, dass jedes Unternehmen mit einer Vision gegründet wurde. Oft genug existiert sie allein im Kopf des Unternehmers oder der Unternehmerin und ist weder definiert noch schriftlich fixiert. Durch das Tagesgeschäft und überlagert von vielen anderen Themen, geht diese ursprüngliche Idee im Lauf der Zeit viel zu häufig verloren.

Für den unternehmerischen Erfolg spielt die Vision jedoch eine überaus wichtige Rolle. Deshalb sollte sich jedes Unternehmen die Zeit nehmen, in sich hineinzuhören, um herauszufinden, welche Wünsche und Vorstellungen tatsächlich vorhanden sind. Ohne Freude am täglichen Tun, ohne von einer Sache überzeugt zu sein und ohne festen Willen, wird kein Unternehmen seine Ziele erreichen. Die sorgfältig formulierte Vision leistet hier wertvolle Unterstützung. Sie hilft außerdem, eventuelle Hindernisse oder Blockaden im Unternehmen aufzuspüren, die dem Erreichen des Wunschbildes im Weg stehen.

Die Vision – Orientierung und Anhaltspunkt für Ihr Handeln und Verhalten im Unternehmen

Durch die Vision erhalten die Mitarbeiterinnen und Mitarbeiter wichtige und grundlegende Informationen: Sie lernen die Ziele kennen, die das Unternehmen in den nächsten zehn Jahren ansteuern wird. Dadurch bekommen sie einen Einblick in die Planung und Zielsetzung der Unternehmensführung.

Die Vision ist alles andere als eine zusammengesponnene Utopie, weil sie realistische und erreichbare Ziele beschreibt. Sie zeigt die grundsätzliche Richtung und unterstützt bei der Entscheidungsfindung. Sie hilft allen Beteiligten, Wesentliches von Unwesentlichem zu unterscheiden. Sie ist zudem eine Quelle für Motivation und Antrieb, weil durch die Vision das Warum, der Sinn der täglichen Arbeit aufgezeigt wird. Sie steht für die innere Haltung und macht es den Mitarbeitern leicht, sich mit dem Unternehmen zu identifizieren.

Ist diese Identifikation vorhanden, dann ergibt sich eine Steigerung der persönlichen Arbeitsmotivation von ganz allein – nicht ausgelöst durch Leistungsdruck, sondern durch Zugehörigkeitsgefühl und Verständnis.

Das kostbarste Gut jedes Unternehmens: die Mitarbeiter

Auch in Ihrem Unternehmen sind es die handelnden Menschen, die den Unterschied ausmachen. Erst durch Einsatz, Leistungswillen, Wissen, Fähigkeiten, Erfahrungen und Kreativität der Mitarbeiter ist ein erfolgreich funktionierendes Unternehmen möglich. Je mehr die Unternehmensleitung ihre Mitarbeiter informiert und fördert, desto einfacher ist es, eine eigene Unternehmenskultur aufzubauen.

Organisationen, die ihre Mitarbeiterinnen und Mitarbeiter offen informieren und zur Zusammenarbeit einladen, erreichen, dass die Menschen sich für die Pläne und Zielsetzungen des Unternehmens interessieren. Aus Mitläufern werden dadurch oft überzeugte und sogar begeisterte Mitarbeiter.

Unbestritten ist, dass die Mitarbeiterinnen und Mitarbeiter das kostbarste Gut des Unternehmens sind und maßgeblichen Anteil am unternehmerischen Erfolg haben. Es liegt an Ihnen, dieses Zugehörigkeitsgefühl noch zu steigern – indem Sie ausgewählte Mitarbeiter auffordern, aktiv an der Zukunft des Unternehmens mitzuwirken: durch Beteiligung an der Entwicklung und Formulierung der zukünftigen Unternehmensvision. Den ersten Schritt dazu haben Sie mit dem Einsatz dieses Arbeitsbuchs bereits gemacht.

Eine Vision kann große Veränderungen bewirken

Eine Vision beansprucht einen wichtigen Teil der Strategie – sie stellt das Wunschbild für eine gemeinsame Zukunft dar und kann zum Auslöser für große Veränderungen werden. Wir erinnern an die weltbekannte Vision »I have a Dream« von Martin Luther King. Die Gleichberechtigung aller Menschen, egal welcher Herkunft, Religion oder Hautfarbe, war sein Ziel, sein Wunschbild, sein alles bestimmendes Ideal. Die Vision »I have a Dream!« stammt aus einer Rede vom 28. August 1963. Mit seiner Rede und der darin enthaltenen Aussage leitete King die Abschaffung der Rassengesetze in den USA ein.

Martin Luther King agierte nach dem Vorbild Gandhis, der mit gewaltlosem Widerstand die Unabhängigkeit Indiens von der britischen Herrschaft durchsetzen konnte. King führte ebenfalls eine gewaltlose Bewegung gegen die Diskriminierung der schwarzen Bevölkerung in den USA.

Bereits 1964 wurde die Rassentrennung dann in sämtlichen Staaten der USA und für alle Lebensbereiche verboten. Im selben Jahr erhielt Martin Luther King den Friedensnobelpreis. Ein Jahr später verabschiedete der US-Kongress ein Gesetz, das alle Einschränkungen des Wahlrechts für Schwarze aufhob.

»I have a Dream« ist ein vorbildliches Beispiel sowohl für die enorme Kraft als auch für den nachhaltigen Erfolg einer Vision.

Beispiele gelungener Visionen

Google	»Das Ziel von Google ist es, die Informationen der Welt zu organisieren und für alle zu jeder Zeit zugänglich und nutzbar zu machen.«
Walmart	»Menschen mit geringem Einkommen zu ermöglichen, die gleichen Dinge kaufen zu können wie Wohlhabende.«
Wikipedia	»Stell dir eine Welt vor, in der jeder einzelne Mensch freien Anteil an der Gesamtheit des Wissens hat.«
Microsoft	*(90er-Jahre)*: »Ein Computer auf jedem Schreibtisch und in jedem Zuhause.«
Ikea	»Den vielen Menschen einen besseren Alltag schaffen.«
Vaude	»Als nachhaltigster Outdoor-Ausrüster Europas leisten wir einen Beitrag zu einer lebenswerten Welt, damit Menschen von morgen die Natur mit gutem Gewissen genießen können.«

Die Vision eines Unternehmens beschreibt die Entwicklung und das Zukunftsbild, also den Zustand, den die Firma für die nähere Zukunft anstrebt. Es ist zugleich die tragende Idee des Unternehmens, weil sie Klarheit und Verständnis in das Denken und Handeln aller Beteiligten bringt. Zunächst einmal ist die Vision zweifellos ein Wunschbild, das jedoch keinesfalls unrealistisch oder unerreichbar sein sollte.

Hier ein Beispiel einer unserer Kunden:
»Gutes erhalten, Neues entdecken.
Unsere Wurzeln, Ehrlichkeit, Wertschätzung und Menschlichkeit sind unsere täglichen Begleiter. Wir sind ein buntes familiäres Team mit individuellen und starken Charakteren, die miteinander und füreinander arbeiten. Durch klare Kommunikation und durchdachte, gut geführte Prozesse gewinnen wir ausreichend Zeit, um alle Aspekte unserer Tätigkeit mit Gelassenheit zu bewerkstelligen. Durch Kommunikation, Innovation und Fachkompetenz begeistern wir auch umfangreiche Mandanten, von uns strukturiert beraten zu werden. Qualität hat ihren Wert.«

Wer nicht weiß, wohin er will, der darf sich nicht wundern, wenn er ganz woanders ankommt.
Mark Twain

Die eigene Vision stärkt das Unternehmen als Ganzes – und jeden einzelnen Mitarbeiter in seiner Persönlichkeit

Mit Ihrer individuell formulierten Vision fördern Sie Effektivität und Effizienz im gesamten Unternehmen. Begriffe wie Wettbewerbsfähigkeit, Flexibilität und Performance sind auf einmal keine hohlen Schlagworte mehr und auch keine graue Theorie, sondern finden sich im Arbeitsalltag wieder.

Auszug aus »Wissensbasierte Visionsentwicklung in Unternehmen.«

Autor: Alexander Kaiser

»Menschen wie auch Unternehmen verlieren ohne eine Vision sehr rasch ihre kreative Spannung.

Wenn man dieses kleine Experiment mit einem Gummiband ausprobiert und die nach oben ziehende Spannung der Vision einmal weglässt, merkt man, dass das Gummiband als Folge der Schwerkraft nach unten fällt, also sogar noch unter die gegenwärtige Realität.

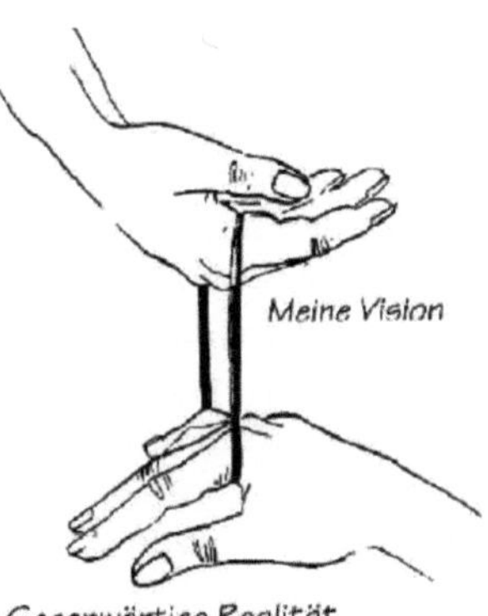

Ein einfaches, aber eindrückliches Bild dafür, dass eine fehlende Vision nicht nur Stillstand auf dem Niveau der gegenwärtigen Realität bedeutet, sondern vielmehr sogar Rückschritt und Rückentwicklung.«

Die Vision: Arbeiten mit Lust, Freude und aus Überzeugung

Ein nicht zu unterschätzender, stark emotionaler Vorgang ist die Einbeziehung und Mitwirkung der Mitarbeiterinnen und Mitarbeiter an der Entwicklung und Erarbeitung Ihrer Unternehmensvision. Wir Menschen sind immer noch der Meinung, dass unser gesamtes Handeln, alle unsere Reaktionen und die vielen großen und kleinen Entscheidungen unseres Lebens von Vernunft geprägt sind. Dabei haben unser Unterbewusstsein, unsere Gefühle und Instinkte einen sehr viel größeren Einfluss.

Genau deshalb ist die Einbeziehung der Mitarbeiterinnen und Mitarbeiter ein maßgeblicher Faktor für den Erfolg Ihrer zukünftigen Vision. Sie sind während des Workshops aufgefordert, aus sich herauszugehen und zu bekennen, was sie tatsächlich empfinden, was ihnen Freude bereitet, wofür ihr Herz brennt und was sie wirklich gerne tun. Wenn diese Gefühle ausgesprochen und schriftlich fixiert werden, fällt der gesamte Tagesablauf am Arbeitsplatz viel leichter.

Was wir lieben und mögen, das machen wir gern und aus Leidenschaft – und das können wir anderen auch gut verkaufen. Die Vision ist dabei der Stern, der uns leitet und an dem wir uns orientieren.

Inspiration statt Manipulation

Warum sind einige wenige Unternehmen erfolgreicher als andere? Ein wunderbares Beispiel dafür ist Apple. Dem Unternehmen gelang es zu Zeiten von Steve Jobs wiederholt, mit innovativen Produkten zu überraschen und die komplette Konkurrenz in den Schatten zu stellen. Dabei stellt Apple auch nichts anderes als Computer her, wie alle anderen. Das Unternehmen hat denselben Zugang zu Mitarbeiterinnen und Mitarbeitern, nutzt dieselben Medien, dieselben Berater und dieselben Agenturen. Wie schafft Apple es dennoch, so erfolgreich zu sein?

Die Antwort lautet: Apple denkt anders, eigentlich sogar konträr zu allen anderen Computerherstellern. Die meisten Unternehmen erklären uns, dass sie den tollsten Computer mit der einfachsten Bedienung haben. Sie zählen ihre Neuheiten, Besonderheiten und Vorzüge auf und argumentieren ihren USP. Das allerdings sind die reinen Fakten. Und die allein schaffen es nun mal nicht, Begeisterung zu wecken. Um dennoch die Zielgruppen zu erreichen, setzen viele Unternehmen manipulative Techniken ein, z. B. Gruppendruck *(»alle haben das«)*, Verknappung *(»nur gültig bis«* oder auch *»solange der Vorrat reicht«)*, um ihre Kunden zum Kauf zu überreden.

Apple geht einen deutlich anderen Weg. Das Unternehmen informiert, warum seine Produkte genau so und nicht anders sind. Apple gibt Einblick in die Motivation, in die Leidenschaft und Begeisterung, die im gesamten Unternehmen zu finden sind und die dieses gänzlich andere Denken ermöglichen. Die Mitarbeiterinnen und

Mitarbeiter von Apple wissen, was sie tun und vor allem warum sie es tun. Dieses Wissen schafft Vertrauen, Loyalität und Inspiration.

Übertragen Sie die Denkweise von Apple auf das eigene Unternehmen!

Wünschen Sie sich auch begeisterte Mitarbeiterinnen und Mitarbeiter, die mit leuchtenden Augen und brennenden Herzen Tag für Tag voller Freude ihren Arbeitsplatz aufsuchen? Dann ändern Sie Ihre Strategie und legen Sie Ihre unternehmerischen Ziele offen. Beziehen Sie Ihre Mitarbeiter mit ein, informieren Sie, was Sie in den nächsten zehn Jahren erreichen wollen, erläutern Sie die Hintergründe und die Ziele. Denn dann versteht Ihr Team das Warum seiner Arbeit. Ab sofort weiß jeder Einzelne, warum genau so gearbeitet werden soll, wie es das Unternehmen wünscht.

Man kann es auch anders ausdrücken: Sie stellen Mitarbeiter ein, die für Geld in Ihrem Unternehmen arbeiten. Sehr viel vorteilhafter ist es jedoch, wenn Ihre Mitarbeiter an ihre Arbeit glauben – wenn sie von dem, was sie tun, überzeugt und inspiriert sind und aus eigenem Antrieb selbstständig denken und handeln.

Mitarbeiter, die von ihrer Arbeit überzeugt sind, haben eine positive Ausstrahlung und beeinflussen das betriebliche Klima. Sie ziehen andere Mitarbeiter mit und wirken auch auf Kunden, Lieferanten und Geschäftspartner positiv und optimistisch.

Exkurs: Der »Golden Circle« nach Simon Sinek ...

... ist eine einfache bildliche Darstellung, die die verschiedenen Denkweisen gegenüberstellt.

WAS – jede Organisation weiß, was sie tut.

WIE – jeder einzelne Mitarbeiter kann erklären, wie er seine Arbeit erledigt und wie er zu seinen Ergebnissen kommt.

WARUM – doch nur wenige Unternehmen kommunizieren, warum sie das tun, was sie tun. Dabei ist doch genau das der eigentliche Grund für die Existenz der gesamten Firma!

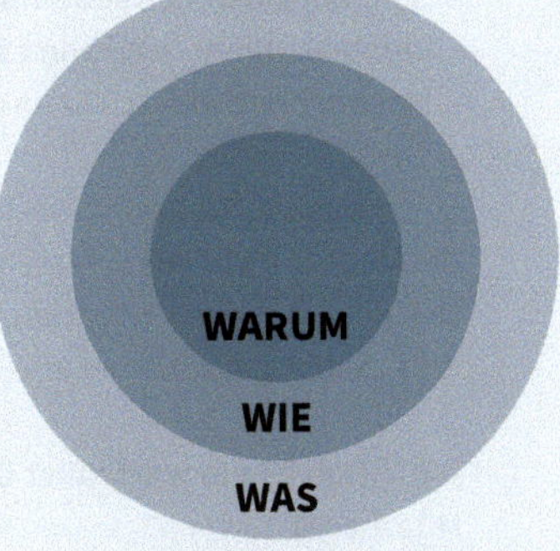

INSPIRATION – entsteht von innen nach außen

STILLSTAND – entsteht von außen nach innen

Die Vision: wertvoller Beitrag zur Gesundheit und zum Wohlbefinden der Mitarbeiter

Der salutogene Ansatz – entwickelt vom Soziologen Aaron Antonovsky – beschäftigt sich nicht mit der Frage »Warum wird der Mensch krank?«, sondern – positiv und nach vorne schauend gedacht – mit der Fragestellung: »Was hält den Menschen gesund?«

Wir greifen die Salutogenese hier auf, weil die Visionsentwicklung sich sinnstiftend auf das gesamte Unternehmen auswirkt und damit einen Beitrag zur Gesundheit, Motivation und Leistungsfähigkeit der Mitarbeiterinnen und Mitarbeiter leistet.

Bei der Salotugenese geht es um die tatsächlichen Gegebenheiten, die zur Entstehung und zur Erhaltung unserer Gesundheit führen. Die Methode ermutigt die Menschen, die vorhandenen Ressourcen zu nutzen, um die eigene Gesundheit zu erhalten. Dabei werden die Hintergründe für z. B. persönliche Erfolge, inneren Antrieb, Gesundheit und Fortschritt sichtbar.

Das Ergebnis ist das sogenannte Kohärenzgefühl – damit gemeint ist das Bewusstsein bzw. die Gewissheit, mit allen Anforderungen und Herausforderungen des Lebens irgendwie umgehen zu können, auf irgendeine Weise damit fertig werden zu können. Das bedeutet im Grunde, dass man keiner Angst mehr zu erliegen braucht und gewissermaßen bedingungsloses Vertrauen ins Leben hat.

Die Voraussetzungen, unter denen ein Kohärenzgefühl entsteht, sind schnell aufgelistet:

- Sinnhaftigkeit – ich sehe einen Sinn darin.
- Verstehbarkeit – ich kann es verstehen.
- Handhabbarkeit – ich kann damit umgehen.

Eine sinnhafte Tätigkeit bildet die Basis für ein gesundes Leben. Sogar dann, wenn der Mensch nicht alles versteht und auch nicht alles handhabbar ist. Befindet man sich jedoch in einer Situation, die nicht sinnhaft ist, eine Handlung aber zwingend erforderlich ist, wird dieser Zustand zur Krankheit führen.

Die Vision ist ein wertvoller Beitrag zur Gesundheit und zum Wohlbefinden der Mitarbeiter.

Das Modell der Salutogenese
nach Aaron Antonovsky

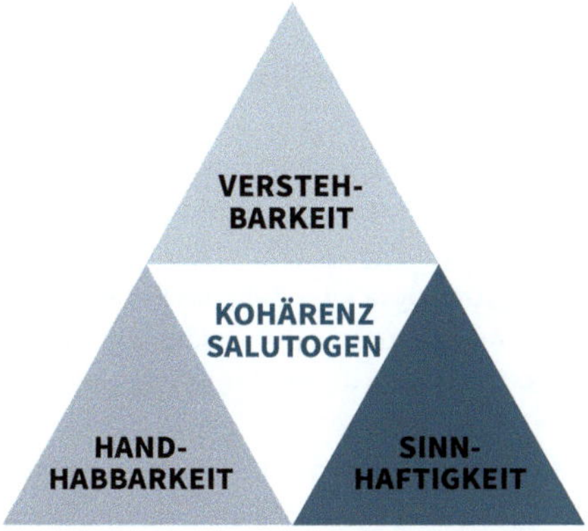

VERSTEH-
BARKEIT

KOHÄRENZ
SALUTOGEN

HAND-
HABBARKEIT

SINN-
HAFTIGKEIT

Wir alle tragen unsere eigene Vision in uns

Auch Menschen, die nur wenig über den Sinn ihres Lebens nachdenken, haben zumindest eine Ahnung oder ein unbestimmtes Gefühl davon, wie ihr Leben, ihre Familie, ihr Arbeitsplatz, ihre Freizeit, ihre Stadt und ihr Land idealerweise gestaltet sein sollen. Diese unter der Oberfläche schlummernden Visionen sind nicht durchdacht und wurden auch niemals formuliert, dennoch sind sie vorhanden und vermitteln ihrem Inhaber eine ungefähre Vorstellung von der Zukunft. Daraus können wir entnehmen, dass im Unternehmen in vielen Köpfen unterschiedlichste, verborgene Visionen existieren.

Wenn du ein Schiff bauen willst,
so trommle nicht Leute zusammen,
um Holz zu beschaffen, Werkzeuge vorzubereiten und
die Arbeit einzuteilen, sondern wecke in ihnen die Sehnsucht
nach dem endlosen, weiten Meer.

Antoine de Saint-Exupéry

Wenn Sie sich zur Entwicklung einer gemeinsamen Vision entschließen, dann wird das für viele Mitarbeiterinnen und Mitarbeiter Neuland sein. Erstmalig sind sie aufgefordert, über ihre Pläne, Ziele und Wünsche nicht nur nachzudenken, sondern diese Gedanken auch auszusprechen und vorzutragen.

Diese sehr gemischte Beteiligung macht die Ausarbeitung der Vision zu einem gruppendynamischen Prozess, wodurch die Visionsentwicklung einen besonderen Stellenwert erhält. Der Kohärenzfaktor und die Berücksichtigung der unterschiedlichen individuellen Visionen gibt dem gesamten Vorgang eine neue, überzeugende Kraft, die eine Sogwirkung auf die gesamte Belegschaft ausübt.

4.5 Workshop – Ermittlung Ihrer Unternehmensvision

Ab hier beginnt die eigentliche Ermittlungsarbeit. Ihr erster Workshop setzt sich aus verschiedenen, recht unterschiedlichen Aufgaben zusammen:

4.5.1 Ist-Analyse – wo steht das Unternehmen heute?
4.5.2 Annäherung an die persönliche Vision
4.5.3 Visionsbild – Gefühle und Wünsche aus der zweiten Gehirnhälfte
4.5.4 Visionsentwurf – klar fokussiert, verständlich formuliert
4.5.5 Die Freigabe der Vision
4.6 Die grüne Seite – Ihre Unternehmensvision

Ziel Ihrer Aufgaben: Vorstoß zum Kern des Unternehmens

Damit Ihre Leitbild-Workshops das angestrebte Ergebnis im vollen Umfang erzielen, kommt es auf die konzentrierte und gewissenhafte Beteiligung jedes Einzelnen an. Und das heißt: Wir erwarten, dass jeder Workshop-Teilnehmer sich ausführlich und sorgfältig einbringt. Gefragt sind Fähigkeiten, Erfahrungen, Meinungen, Bedenken, Gefühle und natürlich auch das vorhandene Fachwissen.

Engagiertes und intensives Mitdenken und Mitmachen ist gefordert. Durch Ihre kritische, nachdenkliche, gerechte, ehrliche, gründliche, offene, objektive und selbstverständlich auch subjektive Beteiligung entwickeln Sie ein überzeugendes Leitbild für Ihr Unternehmen

Die recht unterschiedlichen Aufgaben, die jetzt auf Sie zukommen, haben das Ziel, Ihr Unternehmen aus allen erdenklichen Perspektiven zu betrachten, zu begutachten und zu bewerten. Sie sollen zu einem Gesamtbild kommen, das der Wirklichkeit entspricht. Wenn Sie es schaffen, selbstkritisch, neugierig und ernsthaft an die Aufgaben heranzugehen und auch mal den eigenen, gewohnten Standpunkt infrage zu stellen, dann sind Sie in der exakt richtigen Gemütslage.

Es kommt auf Ihren Beitrag an!

Zur Hilfestellung und zum besserem Verständnis: Sie befinden sich zwar im Rahmen Ihres Unternehmens, jedoch nicht an Ihrem gewohnten Arbeitsplatz. Der Fachbereich, in dem Sie tätig sind, spielt innerhalb dieses Workshops eine eher geringe Rolle. Sie als Mensch, als für sich selbst denkende und handelnde Persönlichkeit sind diesmal gefragt. Ihre Meinung, Ihre Urteilskraft, Ihre Vorstellungen und auch Ihre Fantasie sind gefordert.

Starten Sie durch, heben Sie ab: Alles ist erlaubt, nichts ist verboten!

Ihre Antworten und Ergebnisse werden garantiert nicht bewertet, sondern ergeben mit den Überlegungen Ihrer Partner viele separate Puzzleteile, die Sie im Team zusammensetzen, um ein gemeinsames, komplettes Bild zu erhalten. Ein Bild, das Sie zu einer noch besseren Zusammenarbeit führen wird.

> *Eure Zeit ist begrenzt. Vergeudet sie nicht damit, das Leben eines anderen zu leben. Lasst euch nicht von Dogmen einengen – dem Resultat des Denkens anderer. Lasst den Lärm der Stimmen anderer nicht eure innere Stimme ersticken. Das Wichtigste: Folgt eurem Herzen und eurer Intuition, sie wissen bereits, was ihr wirklich werden wollt. Alles andere ist zweitrangig.*
>
> Steve Jobs, der legendäre Apple-Gründer

4.5.1 Ist-Analyse

4.5.1.1 Wo steht Ihr Unternehmen heute?

Ziel: Sie haben ein gemeinsames, realistisches Verständnis über den derzeitigen Zustand Ihres Unternehmens erreicht.

Einzelarbeit

20 Minuten

Entscheider wie. z. B. Inhaber, Geschäftsführer oder Führungskräfte haben meistens im Gefühl, wo ihr Unternehmen derzeit steht und in welchem Zustand es sich befindet. Doch die Meinungen der Führung sind nicht immer deckungsgleich mit den Ansichten von Mitarbeitern, Lieferanten und Kunden. Deshalb starten Sie mit Ihrer eigenen Standortbestimmung.

Aufgabenstellung: Bewerten Sie die folgenden Unternehmenssituationen auf einer Skala von 1 bis 10.
(1 bedeutet negativ, nicht ausgeprägt, nicht bekannt)
(10 bedeutet positiv, stark ausgeprägt, wird im Unternehmen gelebt)

Art der Aufgabe: Einzelarbeit
Zeitaufwand: 20 Minuten

Betriebsklima

Wie ist die Qualität der Zusammenarbeit im Team?	1	2	3	4	5	6	7	8	9	10

Gesundheitsstand

Wie bewerten Sie die Gesundheit Ihrer Mitarbeiter?	1	2	3	4	5	6	7	8	9	10
Bleiben sie im Schnitt unter 17 Arbeitsunfähigkeitstagen pro Jahr? *(Quelle: Dachverband der BKK, Arbeitsunfähigkeitstage 2016)*	1	2	3	4	5	6	7	8	9	10

Kommunikationskultur

Reden Mitarbeiter und Geschäftsführung frei untereinander oder ist man im Gespräch eher gehemmt?	1	2	3	4	5	6	7	8	9	10
Wie ehrlich und offen kann hierarchieübergreifend kommuniziert werden?	1	2	3	4	5	6	7	8	9	10

Führungskultur

Wie viel Wertschätzung wird den Mitarbeitern entgegengebracht?	1	2	3	4	5	6	7	8	9	10
Werden positive Ergebnisse gesehen und gelobt?	1	2	3	4	5	6	7	8	9	10

Fehlerkultur

Die Art und Weise wie im Unternehmen mit Fehlern umgegangen wird. Findet konstruktives, wertschätzendes Feedback statt?	1	2	3	4	5	6	7	8	9	10
Haben Sie den Eindruck, dass Ihr Unternehmen aus Fehlern lernt?	1	2	3	4	5	6	7	8	9	10
Wie hoch ist die Konfliktbereitschaft bei Ihnen?	1	2	3	4	5	6	7	8	9	10

Weiterbildung

Wie steht das Unternehmen zur Aus- und Weiterbildung seiner Mitarbeiter?	1	2	3	4	5	6	7	8	9	10
Werden Ausbildungen und auch persönliche Weiterentwicklung von der Geschäftsführung unterstützt?	1	2	3	4	5	6	7	8	9	10

Ausbildungsbereitschaft

Wie hoch ist die Bereitschaft der Mitarbeiter zur Aus- und Weiterbildung?

1	2	3	4	5	6	7	8	9	10

Finden sich im Unternehmen viele ehrgeizige Leute, die bereit sind, Zeit und auch Geld für Ihre Ausbildung zu investieren?

1	2	3	4	5	6	7	8	9	10

Entwicklungschancen

Gewährt das Unternehmen erfolgreich agierenden Mitarbeitern Entwicklungschancen, z. B. Karrieresprung, Erweiterung von Verantwortungsbereichen?

1	2	3	4	5	6	7	8	9	10

Unternehmenszugehörigkeit

Wie lange sind bzw. bleiben die Mitarbeiter dem Unternehmen erhalten?

1	2	3	4	5	6	7	8	9	10

Sind viele Jubilare dabei?

1	2	3	4	5	6	7	8	9	10

Leitbild

Kennen alle Mitarbeiter die Inhalte Ihres Leitbildes und handeln sie jeden Tag danach?

1	2	3	4	5	6	7	8	9	10

Vergütungssysteme

Existieren im Unternehmen über das »normale« Gehalt hinaus weitere monetäre Anreize?

1	2	3	4	5	6	7	8	9	10

Arbeitsplatz

Wie zufrieden sind Sie mit dem technischen Equipment am Arbeitsplatz?

1	2	3	4	5	6	7	8	9	10

Wie wohl fühlen Sie sich in Ihren Räumlichkeiten im Allgemeinen und an Ihrem Arbeitsplatz im Speziellen?

1	2	3	4	5	6	7	8	9	10

Innovationen

Wie einfallsreich ist Ihr Unternehmen?	1 2 3 4 5 6 7 8 9 10
Werden neue Ideen in neue Produkte, Dienstleistungen oder Verfahren umgesetzt?	1 2 3 4 5 6 7 8 9 10
Wird Innovation von der Geschäftsführung gefordert, honoriert und auch vorgelebt?	1 2 3 4 5 6 7 8 9 10

Gesundheitsmanagement

Wie wichtig ist die Gesundheit der Mitarbeiter?	1 2 3 4 5 6 7 8 9 10
Kommen präventive und akute Maßnahmen zum Einsatz?	1 2 3 4 5 6 7 8 9 10
Gibt es ein systematisches Herangehen an das Thema Gesundheit im Unternehmen? Wird ausreichend investiert?	1 2 3 4 5 6 7 8 9 10

Öffentliche Wahrnehmung

Wie sieht es mit der Bekanntheit Ihres Unternehmens aus, z. B. bei Nichtkunden, Nachbarn, Wettbewerbern, anderen Unternehmen?	1 2 3 4 5 6 7 8 9 10

Prozesslandkarte

Existieren klar definierte Prozesse für alle Handlungsfelder des Unternehmens?	1 2 3 4 5 6 7 8 9 10
Werden diese jeden Tag konsequent umgesetzt?	1 2 3 4 5 6 7 8 9 10

Unternehmerische Planung

Wie viel Zeit wird in die Arbeit am Unternehmen *(Planung, Strategie, Forecast, Marketing usw.)* investiert?	1 2 3 4 5 6 7 8 9 10

Marktstellung

Ist der Geschäftsführung und den Mitarbeitern die Position des Unternehmens auf dem Markt bekannt?	1 2 3 4 5 6 7 8 9 10
Wird aktiv an einer Verbesserung der Marktstellung gearbeitet?	1 2 3 4 5 6 7 8 9 10

Wie kommt es jeweils zu dieser Einschätzung?

Exkurs: Die SWOT-Analyse zu Stärken und Schwächen

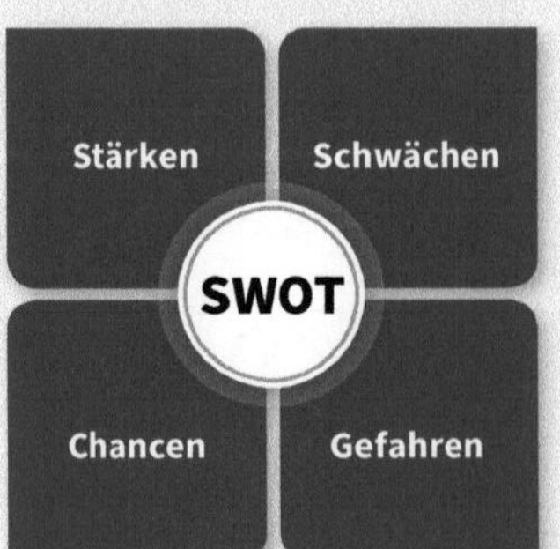

SWOT steht für:

- Strengths *(Stärken)*
- Opportunities *(Chancen)*
- Weaknesses *(Schwächen)*
- Threats *(Gefahren)*

Entwickelt wurde die SWOT-Analyse in den 1960er-Jahren an der Harvard-Universität. Sie hat sich seitdem in der unternehmerischen Strategieentwicklung tausendfach bewährt. Mit dieser Methode werden sowohl innerbetriebliche Stärken und Schwächen *(Unternehmensanalyse)* als auch externe Chancen und Gefahren *(Unternehmensumweltanalyse)* betrachtet.

Die Denkweise der SWOT-Analyse ist noch erheblich älter als ihre Anwendung in Organisationen. Von dem chinesischen General, Militärstrategen und Philosophen Sun Tzu *(544 – 496 v. Chr.)* ist die Aussage überliefert:

»Wenn du den Feind und dich selbst kennst, brauchst du den Ausgang von hundert Schlachten nicht zu fürchten. Wenn du dich selbst kennst, doch nicht den Feind, wirst du für jeden Sieg, den du erringst, eine Niederlage erleiden. Wenn du weder den Feind noch dich selbst kennst, wirst du in jeder Schlacht unterliegen.«

Die SWOT-Analyse, so wie Sie sie innerhalb des Workshops nutzen, gibt Ihnen wichtige Aufschlüsse darüber, welche vorhandenen Stärken Ihr Unternehmen demnächst einsetzen will, um welche Chancen in der nahen Zukunft zu realisieren.

Einzelarbeit

30 Minuten

4.5.1.2 Analysieren Sie Ihr Unternehmen

Ziel: Das Stärken-/Schwächen-Profils Ihres Unternehmens ist ermittelt.

Spekulationen und Vermutungen bringen Sie bei der Formulierung der Positionierung nicht weiter. Sie sollten ganz im Gegenteil sehr genau ermitteln, wie es tatsächlich ums Unternehmen steht. Dabei schauen Sie bitte nicht nur auf das, was nach außen glänzt, sondern finden Sie auch etwaige vorhandene Schwachstellen heraus:

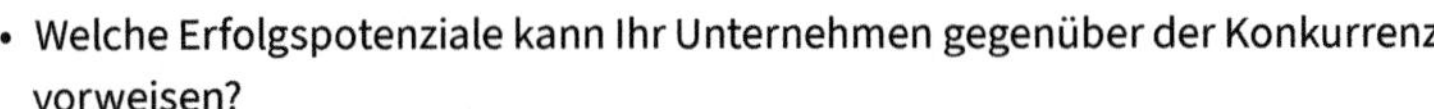

- Welche Erfolgspotenziale kann Ihr Unternehmen gegenüber der Konkurrenz vorweisen?
- Auf welche Chancen und Stärken können Sie dabei setzen?
- Welche Risiken und Schwächen sind zu vermeiden?

Für die Durchführung der Stärken-/Schwächen-Analyse identifizieren Sie zunächst die wichtigsten Faktoren der einzelnen Funktionsbereiche. Anschließend verdichten Sie die ermittelten Ergebnisse auf die wichtigsten kritischen Schlüsselfaktoren.

Aufgabenstellung: Nehmen Sie die folgenden vier Arbeitsblätter zur Hand und erarbeiten Sie die Stärken, Schwächen, Chancen und Gefahren Ihres Unternehmens. Orientieren Sie sich dabei an den Leitfragen.

Art der Aufgabe: Einzelarbeit
Zeitaufwand: 30 Minuten

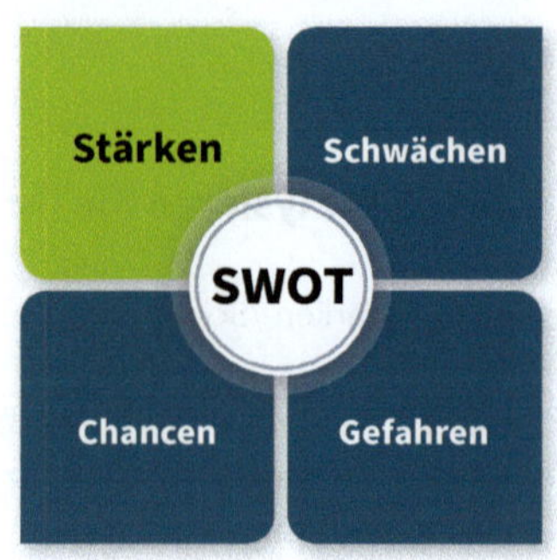

SWOT-Analyse: die Stärken Ihres Unternehmens

In welchen Bereichen ist Ihr Unternehmen stark?

Worin bestehen Ihre Kernkompetenzen?

In welchen Geschäftsbereichen arbeiten Sie gewinnbringend?

Welche Erfahrungen hat Ihr Unternehmen?

Auf welche Ursachen sind Erfolge aus den letzten Jahren zurückzuführen?

Welche Synergiepotenziale liegen vor, die mit neuen Strategien besser genutzt werden können?

Gibt es Leistungen, Einstellungen oder Ergebnisse, auf die Sie besonders stolz sind?

Was schätzen Ihre Kunden besonders an Ihnen?

SWOT-Analyse: die Chancen Ihres Unternehmens

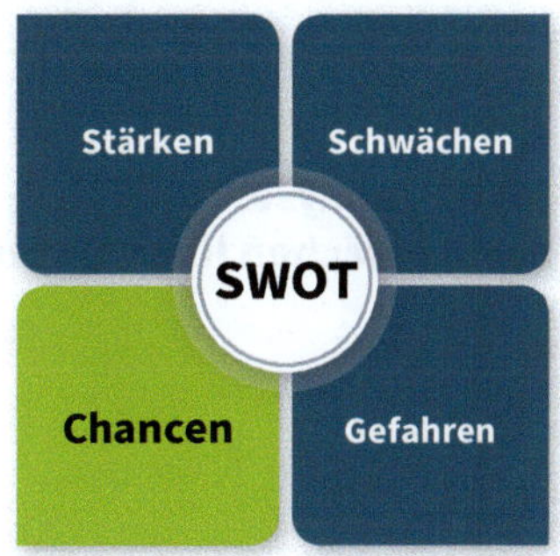

Mit welchen neuen Forderungen und Bedürfnisse könnten Ihre Kunden demnächst auf Sie zukommen?

Erkennen Sie wirtschaftliche Trends, die Ihr Unternehmen verfolgen kann? Und welche sind das?

Welche sozialen und politischen Trends sind zu erwarten?

Welche technologischen Durchbrüche sind zu erwarten?

Welche Nischen sind in Ihrem Geschäftsfeld vorhanden?

Gibt es Wachstumsstrategien die Sie verfolgen können? Und welche sind das?

Welche Verbesserungsmöglichkeiten haben Sie?

In welchen Unternehmensbereichen können Sie sich mittelfristig verbessern?

SWOT-Analyse: die Schwächen Ihres Unternehmens

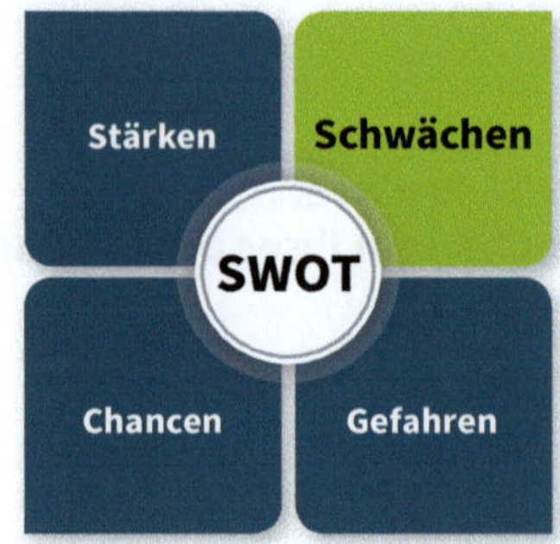

Welche Situationen aus der letzten Zeit empfanden Sie als schwierig?

Welche Barrieren mussten Sie überwinden?

Was machen andere Unternehmen besser als Sie?

In welchen Bereichen traten Schwierigkeiten und Probleme wiederholt auf?

Was könnten Sie besser machen *(auch aus Kundensicht)*?

Fehlen Ihnen evtl. Ressourcen? In welchen Bereichen?

In welchen Abteilungen oder mit welchen Maßnahmen verliert das Unternehmen Geld?

Welche Ihrer Dienstleistungen stufen Sie als besonders schwach ein?

SWOT-Analyse: die Gefahren für Ihr Unternehmen

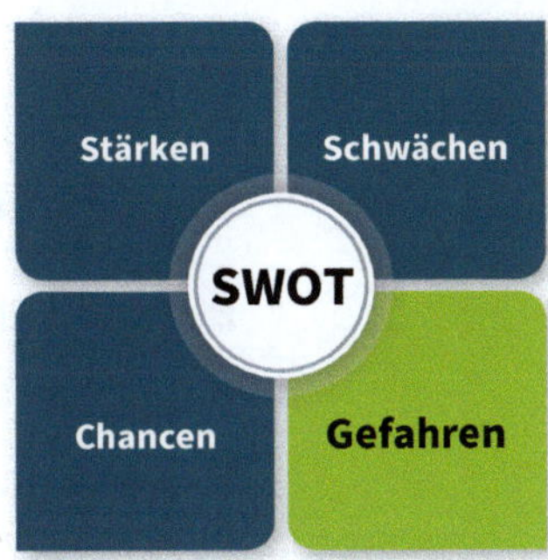

Welche negativen wirtschaftlichen Trends sind zu erwarten?

Welche negativen politischen und sozialen Trends sind zu erwarten?

Welche Trends verfolgen Ihre Konkurrenten?

Welche Gefahren könnten durch Ihre Konkurrenten auftreten?

An welchen Stellen und mit welchen Leistungen sind Sie verwundbar?

4.5.1.3 Erkenntnisse aus Ihrer SWOT-Analyse

Dreiergruppe

60 Minuten

Ziel: Die Einzelergebnisse aus den vorliegenden SWOT-Analysen sind zusammengefasst.

Aufgabenstellung: Suchen Sie sich für eine Dreiergruppe zwei weitere Teilnehmer, die ihre Aufgabe abgeschlossen und die vier Arbeitsblätter auf den vorhergehenden Seiten bereits ausgefüllt haben. Analysieren Sie gemeinsam die Ergebnisse Ihrer Arbeit. Orientieren Sie sich an den Fragen und Denkanstößen des Arbeitsblatts.

Art der Aufgabe: Gruppenarbeit in Dreiergruppen
Zeitaufwand: 60 Minuten

Denkanstöße für eine Zusammenfassung aus der SWOT-Analyse

Ist Ihre gegenwärtige Strategie geeignet und ausreichend, um auf die zu erwartenden Veränderungen zu reagieren?

___

___

___

Um Chancen zu nutzen oder Gefahren zu minimieren – welche Stärken müssen Sie ausbauen und an welchen Schwächen müssen Sie arbeiten?

___

___

___

Passen Ihre bisherigen Stärken und Kernkompetenzen noch in die Welt von morgen?

___

___

___

Können heutige Stärken morgen zu Schwächen werden,
wenn Sie von Ihnen nicht weiterentwickelt werden?

Wie können Sie im Hinblick auf zukünftige Chancen Ihre Stärken am besten nutzen?

Wie können Sie auf der Basis Ihrer spezifischen Kompetenzen auf externe Veränderungen besser reagieren als der Wettbewerb?

Was genau können Sie besser?

Lassen sich daraus neue Kernkompetenzen/Geschäftsfelder/Serviceangebote ableiten?

4.5.1.4 Präsentationsvorbereitung

Dreiergruppe

15 Minuten

Ziel: Alle gewonnenen Ergebisse aus der SWOT-Analyse sind der gesamten Gruppe bekannt gegeben.

Aufgabenstellung: Erarbeiten Sie eine ca. fünfminütige Präsentation, um sie den anderen Gruppen vorzustellen.

Nutzen Sie das Vierquadrantenschema aus der SWOT-Analyse.

Art der Aufgabe: Gruppenarbeit in Dreiergruppen
Zeitaufwand: 15 Minuten

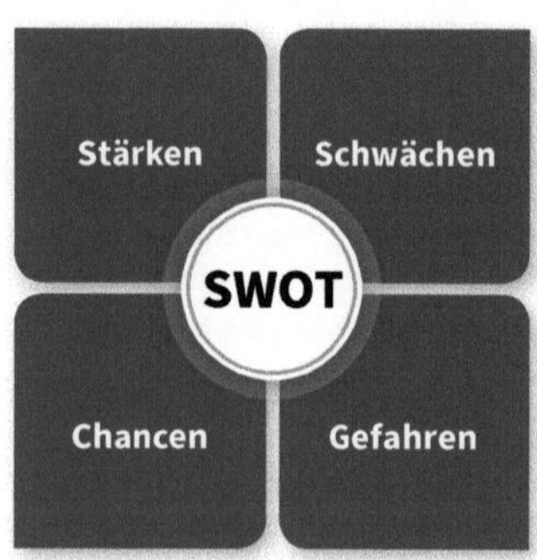

Einleitung

____

____

____

____

____

____

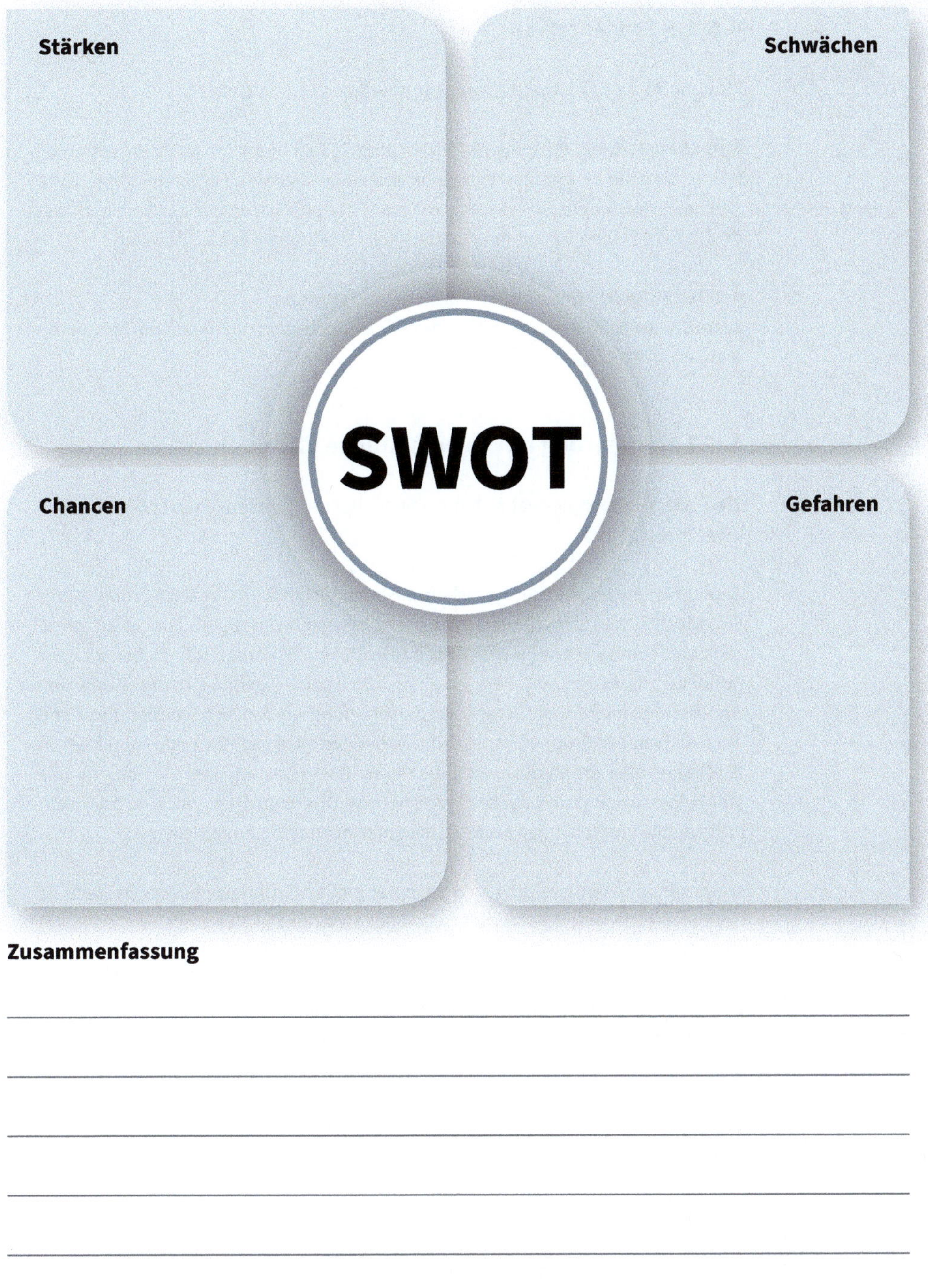

Zusammenfassung

4.5.1.5 Präsentation

alle

60 Minuten

Ziel: Die derzeitige Situation Ihres Unternehmens ist dargestellt.

Aufgabenstellung: Präsentieren Sie vor allen Teilnehmern Ihre Analyseergebnisse. Nutzen Sie dafür ein gruppenübergreifendes »gemeinsames« Vierquadrantenschema und bewerten Sie auf einer Skala von 1 bis 10 *(1 = sehr unzufrieden / 10 = sehr zufrieden)*, wie zufrieden Sie mit Ihrer derzeitigen Unternehmenssituation sind.

Art der Aufgabe: Workshop mit allen Arbeitsgruppen
Zeitaufwand: 60 Minuten *(5 Minuten Präsentation und anschließend 10 Minuten Diskussion pro Gruppe)*

4.5.2 Annäherung an die persönliche Vision

Ziel: Jeder Teilnehmer hat sich mit seinen eigenen, persönlichen Lebensvorstellungen beschäftigt.

Geplant ist die gemeinsame Erarbeitung einer Vision für Ihr Unternehmen. Bevor Sie jedoch in die Teamarbeit und Gruppendiskussion einsteigen, sind Sie aufgefordert, eine sehr spezielle Einzelaufgabe zu erfüllen. Zur Vorbereitung, aber auch zur Auflockerung, bitten wir jeden Teilnehmer, sich seine eigenen, privaten Gedanken zur Vision zu machen. Die Ergebnisse dieser Übung werden nicht veröffentlicht und auch nicht in der Gruppe besprochen. Gehen Sie bitte ganz zwanglos und frei von Blockaden aller Art an diese Aufgabe heran. Wir erwarten, dass Sie offen für alle Möglichkeiten sind und auch ungewöhnliche Überlegungen, extreme oder sehr individuelle Vorstellungen ohne Scheu einbringen und berücksichtigen.

Wenn wir ohne Vorbereitung sofort mit der großen Gruppe beginnen, besteht die Gefahr, dass die eine oder andere individuelle Meinung nicht ausreichend beachtet wird. Das wollen wir verhindern.

Deshalb unsere Bitte nach Ihrer inneren, persönlichen Haltung, die Sie dann im nächsten Schritt der Visonsentwicklung einfließen lassen können.

Exkurs: Walt Disney – die Vision als Grundlage für die spätere Wirklichkeit

Eine Vision kann auch noch über den Tod hinaus wirken, wie das Beispiel der Disney-Brüder zeigt. Zur Eröffnung von »Disney World« wurde Roy Disney, der Bruder von Walt Disney, gefragt, ob er nicht traurig sei, dass sein verstorbener Bruder Walt den tollen neuen Park nicht mehr sehen kann. Roys Antwort darauf lautete: »Doch, doch, er hat es gesehen. Was meinen Sie, warum er heute hier ist!«

Die Walt-Disney-Methode

Nach Walt Disney, dem legendärem Vater der Micky Maus, ist eine Kreativmethode benannt, bei der ein Problem aus drei verschiedenen Blickwinkeln betrachtet wird.

Der Realist
nimmt einen pragmatisch-praktischen Standpunkt ein, entwickelt Pläne für Aktivitäten und untersucht die notwendigen Arbeitsschritte, -mechanismen und Voraussetzungen.

Der Träumer
ist subjektiv orientiert, begeisterungsfähig, grenzenlos, voller Kreativität, kann das Unmögliche, das Unvorstellbare sehen, ist frei.

Der Kritiker
fordert heraus und prüft die Vorgaben der anderen. Sein Ziel ist die konstruktive und positive Kritik, die ihm hilft, mögliche Fehlerquellen zu identifizieren.

Einzelarbeit

2 Stunden

Hier geht es ganz allein um Sie – um Ihre Fantasie, Ihre Wünsche, Träume und Gefühle

Ziel: Die individuelle, persönliche Vision jedes einzelnen Teilnehmers ist ermittelt.

Unabhängig von Ihrer Position und Tätigkeit im Unternehmen – schreiben Sie Ihre ganz privaten Gedanken zur Vision auf. Nachfolgend finden Sie Fragen, die Sie am besten mit Unterstützung der soeben beschriebenen Disney-Methode beantworten. Alle drei Perspektiven nach Disney und die damit verbundenen Fähigkeiten sind bei jedem Menschen, also auch bei Ihnen, vorhanden! Für diese Aufgabe versetzen Sie sich aber nur in die Position des *Träumers*.

Wir geben Ihnen noch ein paar Tipps mit auf den Weg: Lassen Sie Ihrer Fantasie freien Lauf! Stellen Sie sich vor, Sie sind auf einer grünen Wiese – ohne irgendeine Begrenzung! Hier herrscht die vollkommene Freiheit und jeder Gedanke ist erlaubt! Nähern Sie sich Ihren Antworten am besten von verschiedenen Seiten. Beginnen Sie damit, so viele Ideen wie möglich zu sammeln – auch wenn ein paar ungewöhnliche Einfälle darunter sind. Gehen Sie in sich und überlegen Sie, wo Ihre Fähigkeiten, Wünsche und Sehnsüchte liegen. Was motiviert Sie am meisten? Was können Sie am besten? Halten Sie alles, was Ihnen einfällt, fest – in Stichworten und Skizzen. Und warten Sie mit Ihrer endgültigen Festlegung bzw. Entscheidung bis ganz zuletzt.

Sollte Ihnen bei Ihren Überlegungen der innere Realist oder der Kritiker begegnen, bedanken Sie sich und erklären Sie ihnen, das beide ihren großen Auftritt in Kapitel 7 bekommen.

Aufgabenstellung: Beantworten Sie die Fragen auf den folgenden Seiten.

Art der Aufgabe: Einzelarbeit
Zeitaufwand: 2 Stunden

Was wünschen Sie sich am meisten?

____

____

____

____

Wie sieht ein glücklicher und perfekter Tag für Sie aus?

Was würde Sie tagtäglich immer wieder neu begeistern und Ihre Augen zum Leuchten bringen?

Welche fünf Ziele wollen Sie in Ihrem Leben erreichen, erleben und umgesetzt haben, um aus ganzem Herzen sagen zu können: »Dieses Leben hat sich gelohnt!«

Ziel 1

Ziel 2

Ziel 3

Ziel 4

Ziel 5

Was würden Sie tun, wenn Geld und die Meinung anderer keine Rollen spielten?

Stellen Sie sich vor, Sie belauschen in 25 Jahren durch Zufall, wie man gerade über Sie spricht. Was erzählen sich die Menschen? Wie reden Sie von Ihnen und von dem, was Sie erreicht haben?

Nach welchen Werten orientieren Sie sich in Ihrem Leben?

Versetzen Sie sich nun gedanklich an Ihr Lebensende:
Was sind die drei wichtigsten Dinge, die Sie gelernt haben?

1.

2.

3.

Stellen Sie sich vor, Sie sind 70 Jahre alt und die Geschichte Ihres Lebens wird veröffentlicht!
Wie lautet der Titel des Buches?

4.5.3 Visionsbild – Gefühle und Wünsche aus dem Unterbewusstsein

Ziel: Jeder Teilnehmer hat eine eigene Collage entwickelt, wie er sich die Zukunft des Unternehmens in fünf bis zehn Jahren vorstellt.

Unser Gehirn besteht aus zwei unterschiedlich arbeitenden Systemen, die für unsere Handlungen zuständig sind: Den Verstand und das Unterbewusste. Wissenschaftliche Untersuchungen *(Zürcher Ressourcen Modell »ZRM®« von Frau Dr. Maja Storch)* haben gezeigt, dass der Schlüssel für Veränderungen und das Erreichen von Zielen vor allem im unterbewussten Teil des Gehirns liegt.

ZRM hilft uns nicht nur, Klarheit über unsere persönlichen Ziele zu gewinnen, diese neue Methode ermöglicht, dass wir die bisher versteckte Gefühlswelt in uns überhaupt kennen und nutzen!

Diese neuen Erkenntnisse eignen sich hervorragend für unseren Workshop. Durch den Einsatz unterschiedlicher Werkzeuge werden wir auch die Ressourcen ansprechen, die uns der »rationale« Teil des Gehirns vorenthält.

Die ZRM-Methode arbeitet ausschließlich mit angenehmen und positiven Gefühlen. Auch der Körper kann dabei miteinbezogen werden.

Eine Möglichkeit dazu bietet die kreative, bildliche Darstellung. Es liegt auf der Hand, dass über Bilder, Zeichnungen oder Skizzen Empfindungen, Wünsche und Gefühle auf eine ganz andere Art ausgedrückt werden können.

4.5.3.1 Vorbereitung durch den Moderator

Moderator

1 Woche

Vor Beginn der eigentlichen Aufgabe sammelt der Moderator/die Moderatorin bitte folgendes Material:

- 20 verschiedene Zeitungen und Zeitschriften
- mindestens 30 verschiedene Postkartenmotive
- 20 Blatt Flipchartpapier
- Schere und Klebstoff – je 10-mal
- verschiedenfarbiges Papier im Format DIN A4
- verschiedenfarbige Buntstifte *(Filzstifte, Wachsmalstifte o. Ä.)*
- verschiedenfarbige Knete
- ggf. ein Lego-Bausatz

Art der Aufgabe: Vorbereitung durch den Moderator
Zeitaufwand: 1 Woche

4.5.3.2 Das Visionsbild gestalten

Einzelarbeit

60 Minuten

Ziel: Ihre Wünsche, Träume und Gefühle sind bildlich dargestellt.

Sie sind aufgefordert, Ihre persönlichen Wunschbilder und Vorstellungen in ein Visionsbild zu übertragen. Bringen Sie Ihr gesammeltes Material in einen geeigneten Raum. Es sollte ein Ort sein, der Sie inspiriert und dadurch sowohl Ihr Wohlbefinden als auch Ihre Kreativität hervorruft. Titel des Kunstwerks: Ein Blick in die Zukunft – Ihr Unternehmen in fünf bis zehn Jahren.

Lassen Sie Ihren Blick in die Zukunft schweifen und zeigen Sie, was Sie für sich gerne wiederfinden möchten. Nutzen Sie Farben, Formen, Metaphern, Analogien, Überschriften, Abkürzungen, Symbole und Verbindungen, um Ihre Vision nach Ihren Vorstellungen zu visualisieren. Es geht bei Ihrem Bild nicht um exaktes perspektivisches Zeichnen. Auch die Malkünste von Leonardo da Vinci sind nicht gefordert. Es geht einzig und allein um das, was Sie ausdrücken wollen – um Ihr persönliches Bild einer Unternehmensvision.

Aufgabenstellung: Erstellen Sie bitte – jeder für sich – ein Bild, ein Objekt oder eine Collage über die Zukunft Ihres Unternehmens! Behalten Sie dabei Ihre Analyseergebnisse aus der SWOT-Analyse im Blick und lassen Sie sich von ihnen leiten.

Ihre Wunschbilder, Vorstellungen und Gefühle

- Welche wichtigen Elemente sollten unbedingt in Ihrem Kunstwerk repräsentiert sein?
- Was zeichnet die Situation aus?
- Welche Adjektive beschreiben die Situation?
- Was oder wer steht im Mittelpunkt?
- Welche Stimmung herrscht in der Zukunft?

Art der Aufgabe: Einzelarbeit
Zeitaufwand: 60 Minuten

Hilfestellung zur persönlichen Collage

Hier können Sie notieren und einordnen, was Ihnen wichtig ist und worauf Sie besonderen Wert legen.

4.5.3.3 Überprüfung Ihrer bildlichen Aussage

Einzelarbeit

15 Minuten

Ziel: Sie haben Ihre Arbeit selbstkritisch überprüft, um zu einer Darstellung zu kommen, zu der Sie mit Überzeugung stehen.

Aufgabenstellung: Betrachten Sie Ihr Visionsbild aus zwei Metern Entfernung. Was gefällt Ihnen? Was gefällt Ihnen weniger? Verbessern Sie Ihre kreative Arbeit so lange, bis Sie voll und ganz zufrieden sind. Die folgenden Fragen sollen Sie dabei unterstützen.

Art der Aufgabe: Einzelarbeit
Zeitaufwand: 15 Minuten

Haben Sie Themen übergangen oder vergessen?

Ist es auch tatsächlich Ihre eigene Vision für das Unternehmen oder die Vision von anderen?

Wo könnten möglicherweise Konflikte entstehen?

Stellen Sie sich vor, Sie hätten Ihre Vision erreicht. Wie fühlt sich das Ergebnis für Sie an?

4.5.3.4 Visionsvernissage

alle

20 Minuten pro Bild

Vernissage *(franz. jour de vernissage)*
Eröffnung einer Ausstellung, bei der die Werke eines Künstlers in kleinerem Rahmen geladenen Gästen vorgestellt und mit ihnen diskutiert werden.

Ziel: Die Visionsbilder und die jeweiligen Kernaussagen der einzelnen Teilnehmer sind allen Mitwirkenden bekannt.

Aufgabenstellung: Lassen Sie sich ausreichend Zeit, um die einzelnen Bilder auf sich wirken zu lassen. Betrachten Sie die Werke nacheinander. Kommentieren und diskutieren Sie Ihre Eindrücke in der Gruppe. Jeder hat das Recht, zu Wort zu kommen. Diskutieren Sie jedes Bild vollständig, bevor Sie zum nächsten Motiv gehen. Um Ihnen ein paar Leitlinien für die Beurteilung zu geben, finden Sie unten drei Aufgaben:

- »Kunstkenner«
- »Künstler«
- »Hauptaussage«

Bitte betrachten Sie jedes Bild aus diesen drei Perspektiven, bevor Sie sich dem nächsten Bild widmen. Nutzen Sie die Arbeitsblätter zu den Visionsbildern.

Art der Aufgabe: Präsentation und Diskussion vor der gesamten Gruppe
Zeitaufwand: 20 Minuten pro Bild

4.5.3.5 Die Kunstkenner

alle

10 Minuten pro Bild

Was fällt Ihnen besonders auf?
Was gefällt Ihnen?
Was gibt Ihnen Rätsel auf?
Was sagt Ihnen das Kunstwerk?
Was spricht Sie an?

Ziel: Die verschiedenen Visionsbilder wurden aus der Perspektive eines »Kunstkenners« interpretiert.

Aufgabenstellung: Interpretieren Sie nacheinander das Visionsbild. Sie sind eine Gruppe von »Kunstkennern« und jeder Teilnehmer beschreibt mit seinen Worten, was er auf dem Bild zu sehen glaubt *(außer der Künstler selbst, der verhält sich ruhig)*. Nutzen Sie bitte den Spickzettel.

Art der Aufgabe: Gruppenarbeit
Zeitaufwand: 10 Minuten pro Bild

alle

5 Minuten
pro Bild

4.5.3.6 Der Künstler

Ziel: Der Künstler hat der Gesamtgruppe die Gedanken zu seinem Werk vermittelt und erklärt, warum er diese Art der Darstellung gewählt hat.

Aufgabenstellung: Jeder Einzelne beschreibt der Gruppe, was ihm an seinem Bild besonders wichtig ist, was für ihn den Mittelpunkt darstellt und welche inhaltlichen und emotionalen Überlegungen ihn geleitet haben. Der Künstler selbst beschränkt sich dabei auf seine eigene, persönliche Sichtweise. Er vermeidet bewusst Stellungnahmen zu den Meinungen der »Kunstkenner«.

Art der Aufgabe: Einzelpräsentation vor gesamter Gruppe
Zeitaufwand: 5 Minuten pro Bild

alle

5 Minuten
pro Bild

4.5.3.7 Die Hauptaussage

Ziel: Jedes Bild ist mit einer eine Hauptsaussage versehen.

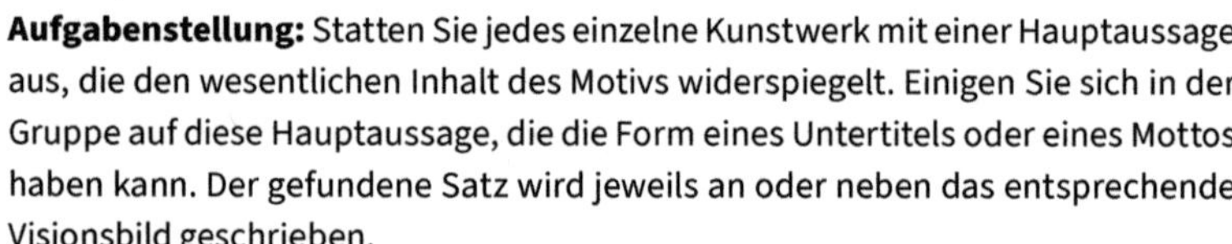

Aufgabenstellung: Statten Sie jedes einzelne Kunstwerk mit einer Hauptaussage aus, die den wesentlichen Inhalt des Motivs widerspiegelt. Einigen Sie sich in der Gruppe auf diese Hauptaussage, die die Form eines Untertitels oder eines Mottos haben kann. Der gefundene Satz wird jeweils an oder neben das entsprechende Visionsbild geschrieben.

Art der Aufgabe: Gruppenarbeit, alle Teilnehmer
Zeitaufwand: 5 Minuten pro Bild

Hauptaussage Visionsbild 1

Ihre wichtigsten Erkenntnisse zu Visionsbild 1

Hauptaussage Visionsbild 2

Ihre wichtigsten Erkenntnisse zu Visionsbild 2

Hauptaussage Visionsbild 3

Ihre wichtigsten Erkenntnisse zu Visionsbild 3

Hauptaussage Visionsbild 4

Ihre wichtigsten Erkenntnisse zu Visionsbild 4

Hauptaussage Visionsbild 5

Ihre wichtigsten Erkenntnisse zu Visionsbild 5

Hauptaussage Visionsbild 6

Ihre wichtigsten Erkenntnisse zu Visionsbild 6

Hauptaussage Visionsbild 7

Ihre wichtigsten Erkenntnisse zu Visionsbild 7

Hauptaussage Visionsbild 8

Ihre wichtigsten Erkenntnisse zu Visionsbild 8

Hauptaussage Visionsbild 9

Ihre wichtigsten Erkenntnisse zu Visionsbild 9

Hauptaussage Visionsbild 10

Ihre wichtigsten Erkenntnisse zu Visionsbild 10

Hauptaussage Visionsbild 11

Ihre wichtigsten Erkenntnisse zu Visionsbild 11

Hauptaussage Visionsbild 12

Ihre wichtigsten Erkenntnisse zu Visionsbild 12

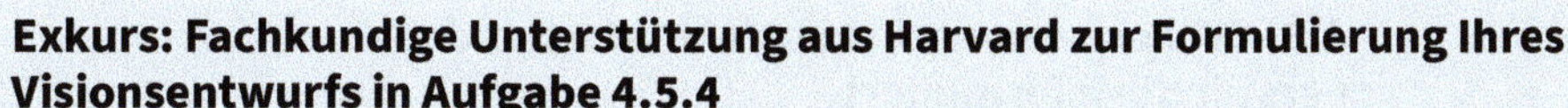

Exkurs: Fachkundige Unterstützung aus Harvard zur Formulierung Ihres Visionsentwurfs in Aufgabe 4.5.4

(nach John Kotter, Ökonom und Harvard-Professor)

Mit den folgenden Stichworten können Sie mühelos prüfen, ob die entscheidenden Kriterien in Ihrem Visionsentwurf enthalten sind:

Vorstellbar: vermittelt ein Bild über das Aussehen der Zukunft

Wünschenswert: wird den langfristigen Interessen der wichtigsten Beteiligten *(Mitarbeiter, Eigentümer etc.)* gerecht

Fassbar: beschreibt erreichbare, realistische Ziele

Fokussiert: ist präzise genug, um Orientierung zu geben und bei Entscheidungsfindungen Hilfestellung zu leisten

Flexibel: ist allgemein genug, um unter dem Aspekt veränderlicher Bedingungen individuelle Initiativen und alternative Reaktionen zuzulassen

Kommunizierbar: ist einfach zu kommunizieren und kann innerhalb von fünf Minuten verständlich erklärt werden

Die Anregungen von Professor John Kotter haben den Zweck, bei der Formulierung der Vision das eigentliche Ziel nicht aus den Augen zu verlieren. Deshalb sollte schon der erste Visionsentwurf verständlich ausdrücken, wie die gewünschte Zukunft aussieht. Die langfristigen Interessen der Mitarbeiter, Kunden, Geschäftspartner, Lieferanten und anderer Gruppen, die am Leistungsprozess beteiligt sind, sollten dabei berücksichtigt werden.

Alle Ziele, die im Entwurf beschrieben sind, sollten realistisch umsetzbar sein. Fokussieren Sie die Kernaussage, damit sie bei Entscheidungsfindungen Hilfestellung leisten kann.

Wir empfehlen Ihnen, die Kernaussage nicht streng und eng, sondern eher allgemein und flexibel zu formulieren, damit veränderliche Bedingungen, individuelle Initiativen und alternative Reaktionen berücksichtigt werden können.

Die gesamte Kernaussage sollte einfach zu kommunizieren sein. Wenn Sie es schaffen, Ihren Entwurf in weniger als fünf Minuten zu erklären, dann sind Sie auf dem richtigen Weg.

4.5.4 Visionsentwurf – klar fokussiert und verständlich formuliert

4.5.4.1 Visionsentwurf in Einzelarbeit

Einzelarbeit

15 Minuten

Ziel: Ein erster Entwurf der Unternehmensvision ist formuliert.

Alles, was Sie bisher an Ergebnissen und Festlegungen für Ihre Vision gesammelt haben, werden Sie jetzt in eine erste Formulierung übertragen. Mit diesem Arbeitsschritt erreichen Sie eine weitere Verdichtung des bisher erarbeiteten Materials. Dafür filtern Sie bitte alle vorliegenden Aussagen, Thesen, Empfindungen, Erkenntnisse, Erlebnisse und Erfahrungen. Die Formulierungen sind noch nicht engültig. Deshalb können Sie ruhig in die Breite gehen und brauchen nicht zu gründlich beim Aussortieren und Verwerfen zu sein.

Beachten Sie bitte, dass alles, was Sie zu Papier bringen, zur gewohnten Sprache Ihres Unternehmens passen sollte. Ist dieser Entwurf erarbeitet, liegt Ihnen eine erste gemeinsame, doch immer noch vorläufige Unternehmensvision vor.

Aufgabenstellung: Nutzen Sie die gesammelten Erkenntnisse und verdichten Sie diese zu einem Entwurf Ihrer Vision in drei bis fünf Sätzen. Orientieren Sie sich an den »Kriterien für Visionen« nach John Kotter, die Sie auf der vorherigen Seite finden.

Art der Aufgabe: Einzelarbeit
Zeitaufwand: 15 Minuten

Ihr erster Visionsentwurf

Zur Orientierung – die Kotter-Kriterien:

Vorstellbar:	Bild der Zukunft
Wünschenswert:	berücksichtigt die Interessen aller Gruppen
Fassbar:	umfasst erreichbare Ziele
Fokussiert:	Orientierung
Flexibel:	Agilität und alternative Reaktion zulassend
Kommunizierbar:	in fünf Minuten verständlich erklärbar

Ihr Weg zur Verdichtung und endgültigen Ermittlung Ihrer Vision

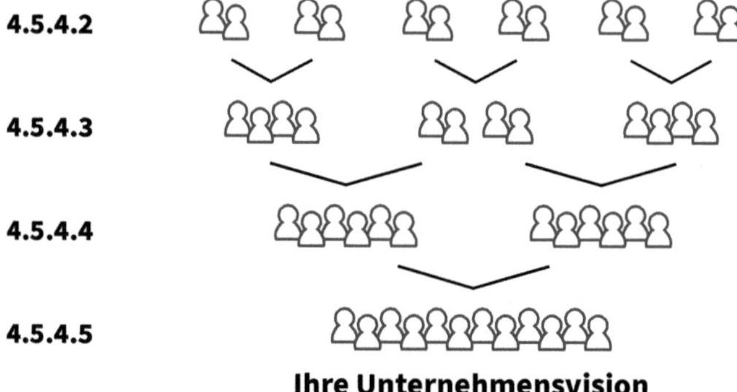

4.5.4.2 Visionsentwurf in Partnerarbeit

Partnerarbeit

20 Minuten

Ziel: Jeweils zwei Visionsentwürfe wurden zu einem Vorschlag zusammengeführt.

Aufgabenstellung: Bilden Sie zweiköpfige Teams und verdichten Sie Ihre beiden separaten Visionsentwürfe zu einer gemeinsam erarbeiteten Formulierung im Umfang von drei bis fünf Sätzen. Orientieren Sie sich an den »Kriterien für Visionen« nach John Kotter *(siehe unten)*.

Art der Aufgabe: Partnerarbeit
Zeitaufwand: 20 Minuten

Ihr Visions-Entwurf in Partnerarbeit

Zur Orientierung – die Kotter-Kriterien:

Vorstellbar:	Bild der Zukunft
Wünschenswert:	berücksichtigt die Interessen aller Gruppen
Fassbar:	umfasst erreichbare Ziele
Fokussiert:	Orientierung
Flexibel:	Agilität und alternative Reaktion zulassend
Kommunizierbar:	in fünf Minuten verständlich erklärbar

4.5.4.3 Visionsentwurf in der Vierergruppe

Vierergruppe

20 Minuten

Ziel: Die Visionsentwürfe sind durch das Zusammenlegen von jeweils zwei Partnerarbeiten weiter verdichtet.

Aufgabenstellung: Bilden Sie Vierergruppen, womit Sie zwei Partnerentwürfe pro Gruppe vorliegen haben. Verdichten Sie diese beiden Visionsentwürfe zu einem nächsten, gemeinsamen Ergebnis. Der Umfang Ihres Visionsentwurfs sollte auch hier drei bis fünf Sätze betragen. Orientieren Sie sich an den »Kriterien für Visionen« nach John Kotter, siehe unten.

Art der Aufgabe: Gruppenarbeit, vier Teilnehmer
Zeitaufwand: 20 Minuten

Ihr Visionsentwurf in der Vierergruppe

Zur Orientierung – die Kotter-Kriterien:

Vorstellbar:	Bild der Zukunft
Wünschenswert:	berücksichtigt die Interessen aller Gruppen
Fassbar:	umfasst erreichbare Ziele
Fokussiert:	Orientierung
Flexibel:	Agilität und alternative Reaktion zulassend
Kommunizierbar:	in fünf Minuten verständlich erklärbar

4.5.4.4 Visionsentwurf in der Sechsergruppe

Sechsergruppe

20 Minuten

Ziel: Die Visionsentwürfe sind durch das Zusammenlegen der Vierergruppenarbeiten weiter verdichtet.

Aufgabenstellung: Bilden Sie Sechsergruppen, womit Sie drei Partnerentwürfe pro Gruppe vorliegen haben. Verdichten Sie diese drei Visionsentwürfe zu einem nächsten, gemeinsamen Ergebnis. Der Umfang Ihres Visionsentwurfs sollte auch hier drei bis fünf Sätze betragen. Orientieren Sie sich an den »Kriterien für Visionen« nach John Kotter, siehe unten.

Art der Aufgabe: Gruppenarbeit, sechs Teilnehmer
Zeitaufwand: 20 Minuten

Ihr Visionsentwurf in der Sechsergruppe

Zur Orientierung – die Kotter-Kriterien:

Vorstellbar:	Bild der Zukunft
Wünschenswert:	berücksichtigt die Interessen aller Gruppen
Fassbar:	umfasst erreichbare Ziele
Fokussiert:	Orientierung
Flexibel:	Agilität und alternative Reaktion zulassend
Kommunizierbar:	in fünf Minuten verständlich erklärbar

4.5.4.5 Visionsentwurf in der Gesamtgruppe

alle

20 Minuten

Ziel: Ein vorläufiger Visionsentwurf der Gesamtgruppe liegt vor.

Aufgabenstellung: Alle Teilnehmer verdichten gemeinsam die vorliegenden Visionsentwürfe der Sechsergruppen zu einem gemeinsamen Entwurf ihrer Vision in drei bis fünf Sätzen. Orientieren Sie sich an den »Kriterien für Visionen« nach John Kotter, siehe unten.

Art der Aufgabe: Gruppenarbeit, alle Teilnehmer
Zeitaufwand: 20 Minuten

Ihr gemeinsamer, vorläufig finaler Visionsentwurf, erstellt in der Gesamtgruppe

Zur Orientierung – die Kotter-Kriterien:

Vorstellbar:	Bild der Zukunft
Wünschenswert:	berücksichtigt die Interessen aller Gruppen
Fassbar:	umfasst erreichbare Ziele
Fokussiert:	Orientierung
Flexibel:	Agilität und alternative Reaktion zulassend
Kommunizierbar:	in fünf Minuten verständlich erklärbar

4.5.5 Die Freigabe der Vision

Ziel: Ihre Vision steht.
Es hat sich als vorteilhaft erwiesen, einen zeitlichen Abstand zwischen der kreativen Phase und der endgültigen Formulierung der Vision zu lassen. Denn dieser Abstand ermöglicht Klarheit und Gewissheit. Die erforderlichen Zutaten wurden von allen Seiten betrachtet und ausgewählt, jetzt folgt ein Reifeprozess.

Bitte machen Sie sich immer wieder klar, dass die Vision, an der Sie arbeiten, keine Utopie, sondern erlebbare Wirklichkeit sein wird. Um dahin zu kommen, benötigen wir die verbindliche Zustimmung aller Teilnehmerinnen und Teilnehmer.

Treffen Sie sich in den nächsten drei Wochen einmal wöchentlich mit allen Teilnehmerinnen und Teilnehmern dieses Workshops. Wir brauchen ein weiteres Mal Ihre volle Konzentration und Einsatzbereitschaft. Jeder Teilnehmer sollte sich auf dieses Treffen vorbereiten und seinen ausgefüllten Fragebogen dabei haben.

4.5.5.1 Arbeitsblatt 1. Woche

alle

individuelle Vorbereitung

45 Minuten

Ziel: Der vorläufige Visionsentwurf wurde durch kritisches Hinterfragen abgesichert und vervollständigt.

Aufgabenstellung: Diskutieren Sie in einer offenen, ehrlichen und wertschätzenden Atmosphäre Ihren gemeinsamen Visionsentwurf. Passen Sie ihn ggf. weiter an. Verwenden Sie die folgenden Leitfragen.

Art der Aufgabe: Gruppenarbeit, alle Teilnehmer
Zeitaufwand: 45 Minuten

Wie stehen Sie zu der Erkenntnis, »das könnte die neue Vision sein?«

____

____

____

____

____

____

Finden Sie sich in dieser Vision wieder?

Was würde sich für Sie verändern, wenn diese Fassung die neue Vision wäre?

Würden Menschen, die mit Ihrem Unternehmen zu tun haben, merken, dass Sie nach dieser neuen Vision agieren? Was wären die Anhaltspunkte?

Stellen Sie sich vor, zwei Mitarbeiter, die nicht am Entwicklungsprozess beteiligt waren, tratschen über die neue Unternehmensvision. Welche Schwächen würden sie dabei wohl nennen, welche Kritik würden sie üben?

4.5.5.2 Arbeitsblatt 2. Woche

alle

individuelle Vorbereitung

45 Minuten

Ziel: In einer zweiten Absicherungsrunde wurde der vorläufige Visionsentwurf durch kritisches Hinterfragen weiter vervollständigt.

Aufgabenstellung: Diskutieren Sie in einer offenen, ehrlichen und wertschätzenden Atmosphäre Ihren gemeinsamen Visionsentwurf. Passen Sie ihn ggf. weiter an. Verwenden Sie folgende Leitfragen.

Art der Aufgabe: Gruppenarbeit, alle Teilnehmer
Zeitaufwand: 45 Minuten

Wie stehen Sie zu der Erkenntnis, »das könnte die neue Vision sein?«

Wie würde jemand, der diese Vision nicht als kritisch oder problematisch, sondern als Chance betrachtet, Ihr Vorhaben beschreiben?

Was sagen Ihnen Herz und Verstand, wenn Sie die neue Vision bewerten sollen?

Wenn das also Ihr Anliegen ist, wie müssten Sie sich verhalten,
damit die neue Vision volle Wirkung entfaltet?

Welche Punkte müssen jetzt noch geklärt, besprochen, diskutiert oder entschieden werden, sodass Sie sich laut und deutlich für diese Vision entscheiden können?

Keine: Blättern Sie bitte weiter.

Folgende: Blättern Sie bitte eine Seite zurück und diskutieren Sie erneut.

4.5.5.3 Arbeitsblatt 3. Woche

alle

individuelle Vorbereitung

45 Minuten

Ziel: In einer dritten Absicherungsrunde wurde der vorläufige Visionsentwurf durch erneutes kritisches Hinterfragen weiter vervollständigt.

Aufgabenstellung: Diskutieren Sie in einer offenen, ehrlichen und wertschätzenden Atmosphäre Ihren gemeinsamen Visionsentwurf. Passen Sie ihn ggf. weiter an. Verwenden Sie folgende Leitfragen.

Art der Aufgabe: Gruppenarbeit, alle Teilnehmer
Zeitaufwand: 45 Minuten

Wie stehen Sie zu der Erkenntnis, »das könnte die neue Vision sein?«

Wie würde jemand, der diese Vision nicht als kritisch oder problematisch, sondern als Chance betrachtet, Ihr Vorhaben beschreiben?

Was sagen Ihnen Herz und Verstand, wenn Sie die neue Vision bewerten sollen?

____

____

____

____

____

____

Wenn das also Ihr Anliegen ist, wie müssten Sie sich verhalten,
damit die neue Vision volle Wirkung entfaltet?

____

____

____

____

____

____

Welche Punkte müssen jetzt noch geklärt, besprochen, diskutiert oder entschieden werden, sodass Sie sich laut und deutlich für diese Vision entscheiden können?

Keine: Blättern Sie bitte auf die nächste Seite.

Folgende: Blättern Sie bitte zwei Seiten zurück und prüfen Sie alle Leitfragen erneut. Wie müssen Sie Ihren derzeitigen finalen Visionsentwurf weiter anpassen?

alle

4.6 Die grüne Seite – es ist so weit! We proudly present: Ihre Unternehmensvision!

Sie sowie Ihre Kolleginnen und Kollegen haben viel Zeit, Energie und Gehirnschmalz in diese Entwicklung gesteckt. Doch jetzt ist das Ziel erreicht: Die gemeinsam erarbeitete Vision liegt vor und ist einsatzbereit.

Zum Beweis, dass alle Beteiligten hinter dem Ergebnis stehen und sich mit der Aussage identifizieren, bitten Sie Ihre Kolleginnen und Kollegen um ihre Unterschriften!

Wir bedanken uns für Ihre unermüdliche Mitarbeit und gratulieren zum Erfolg!

Ihre Unternehmensvision lautet:

Unterschrift der Visionäre:

Puuh – das war ja bisher schon ganz schön intensiv. Okay, eine kurze Pause haben Sie sich verdient. Doch jetzt heißt es wieder: Stiefel schnüren und die spannende Etappe »Werte« in Angriff nehmen! Viel Erfolg!

5. Die Werte – Kultur und Basis für das Verhalten und Wirken Ihres Unternehmens

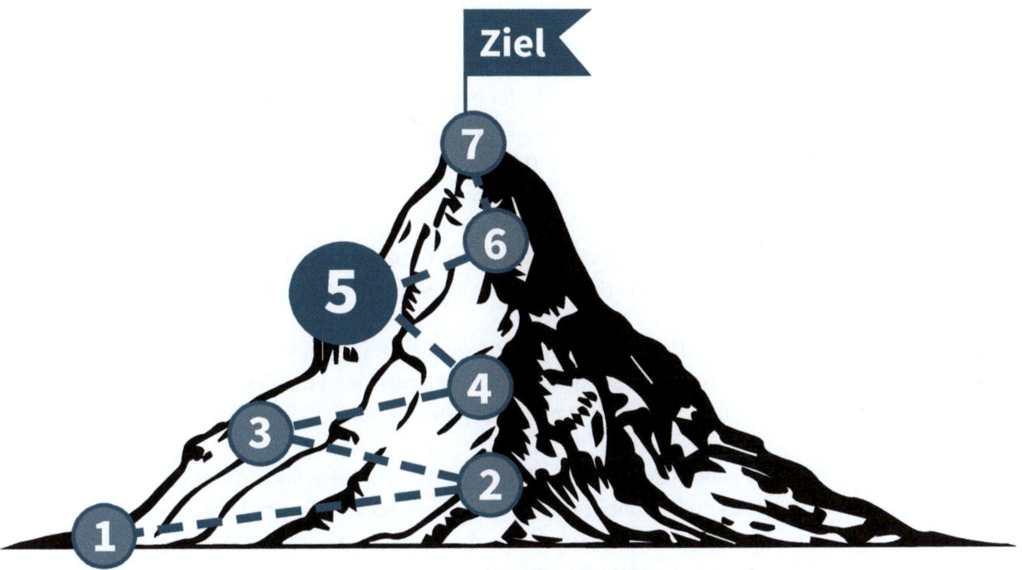

5.1 Standortbestimmung in Ihrem Leitbildprozess

5.2 Definition

Nachdem Sie ausführlich und erfolgreich die Säule »Vision« zum Aufbau einer zukunftssicheren Positionierung errichtet haben, kommen als zweites, gewichtiges Standbein die Werte Ihres Unternehmens dazu. Wobei mit »Werten« nicht das Stammkapital des Unternehmens gemeint ist und auch nicht das vorhandene Aktienpaket des Besitzers.

»Werte« sind Eigenschaften, die für das Unternehmen wichtig und wertvoll sind. Oder auch Ideale, nach denen Sie im Unternehmen handeln. Es versteht sich von selbst, dass die jeweiligen Werte von Unternehmen zu Unternehmen sehr unterschiedlich sind:

- Werte bilden die gemeinsame Basis für den Umgang miteinander und für Begegnungen und erklären, wie Sie miteinander arbeiten und kommunizieren.

- Werte enthalten ethische Zielvorstellungen, Handlungsziele und Lebensinhalte, die Sie in Ihrem Unternehmen für erstrebenswert halten, und dienen der täglich neuen Orientierung.

- Werte helfen in den meisten Fällen, Unstimmigkeiten und Gründe für Konflikte zu identifizieren. Das »schwarze« Schaf in der Herde hat selten böse Absichten, sondern lebt oftmals ein anderes, nicht zum Unternehmen passendes Wertesystem.

5.3 Nutzen für Ihr Unternehmen

✓ Werte bieten allen Beteiligten im Unternehmen Orientierung bei Entscheidungen, Verhalten und Handlungen.
✓ Werte wirken sinnstiftend, vertrauens- und motivationsfördernd.
✓ Werte stärken die Loyalität und das Zugehörigkeitsgefühl der Belegschaft.
✓ Werte verbessern die Identifikation der Mitarbeiter mit dem Unternehmen.
✓ Werte wirken sich positiv auf die Mitarbeiterbindung aus.
✓ Werte fördern die Reputation und Glaubwürdigkeit des Unternehmens.

5.4 Einleitung
Sinn und Nutzen von Unternehmenswerten

Es gibt eine Reihe von Aspekten, die eine Unternehmenskultur prägen und beeinflussen: Der Stil der Führung, das Verhalten der Mitarbeiter, die Struktur der Kunden, die Unterbringung und Einrichtung des Unternehmens, der Umgang untereinander und einige weitere Faktoren. Ein Unternehmen, das seine Kultur nicht dem Zufall überlassen will, ist gut beraten, seine tatsächlichen und seine erstrebenswerten Werte zu ermitteln, zu fixieren und zu kommunizieren. Das ist ein Vorgang, der Mühe und Arbeit verursacht, der sich aber auf alle Fälle bezahlt macht.

Jeder Mensch hat seine eigenen Werte – wenn Menschen sich begegnen, dann betrachten sie sich häufig aus unterschiedlichen Blickwinkeln. Ist die Kluft zwischen den Wertesystemen unüberwindbar, ist ein Miteinander anstrengend, weder konstruktiv noch produktiv und wahrscheinlich so gut wie unmöglich.

Werte unterstützen den Umgang und die Zusammenarbeit.

Werte bestimmen unser Denken und Handeln

Ob wir es als einzelner Mensch wollen oder nicht: Es sind die Werte, die unser Denken, Reden und Handeln beeinflussen. Wir orientieren uns in allem, was wir tun, an diesen Maßstäben – die natürlich so unterschiedlich sind, wie wir Menschen selbst. Größtenteils sind wir uns gar nicht bewusst, dass wir uns bei Handlungen und Entscheidungen auf eben diese Werte verlassen. Denn das geschieht zumeist ohne langes Nachdenken – instinktiv und von ganz allein.

Woran liegt es, dass wir mit einigen Menschen klarkommen, uns mit anderen jedoch schwertun? Sie ahnen die Antwort – jawohl, es sind die unterschiedlichen Werte, die oft sogar gegensätzlich sind. Jedes Mal, wenn zwei Menschen sich begegnen, findet eine Bewertung statt – ganz automatisch.

Einige der Beurteilten schneiden dabei positiv ab und werden vom ersten Moment an geschätzt und geachtet. Bei anderen hingegen spüren wir, dass die Wellenlänge nicht stimmt, wir empfinden Antipathie bis hin zu Ablehnung. Die Konsequenz: Wir halten uns erst einmal zurück, reagieren zögerlich und reserviert.

Achtung: Diese Beurteilung kann sehr stark variieren. Die Meinungen, Neigungen und Sympathien gegenüber anderen Menschen sind von Mensch zu Mensch unterschiedlich. Zu ein und derselben Person kann es ohne Weiteres Dutzende verschiedener Resonanzen geben.

Werte – Barometer für unsere Gesundheit

Wenn Sie zu den Menschen gehören, die ein klar definiertes und stabiles Wertesystem haben und konsequent danach leben, dann sind Sie wahrscheinlich eine optimistische Persönlichkeit und führen ein gesundes und erfülltes Leben.

Werte sind keine messbaren Faktoren und sie sind nur selten begründbar. Es sind vielmehr abstrakte Empfindungen, die sich in unserem Inneren entfalten. Natürlich werden wir auch von Werten beeinflusst, die von außen auf uns einwirken – auch sie werden berücksichtigt, indem wir sie auf uns selbst beziehen, sie für unseren Gebrauch personalisieren und ins vorhandene Wertesystem integrieren.

Ein Beispiel ist der Wert »Zuverlässigkeit«. Zwei Kollegen, die im selben Raum an ein und demselben Projekt arbeiten, können »Zuverlässigkeit« auf vollkommen unterschiedliche Art und Weise interpretieren: Für den einen ist »Zuverlässigkeit« die exakte Einhaltung der Termine, für den anderen hingegen die Sorgfalt bei der Ausführung.

Mit dem Wort »Gesundheit« wird unser körperliches, psychisches und geistiges Wohlbefinden beschrieben. Kraftvolle und mitreißende Werte beeinflussen unseren Gesundheitszustand. Ist man sich selbst wenig wert und hat man nur eine geringe Meinung von seinen Fähigkeiten und der eigenen Persönlichkeit, dann macht sich diese Geringschätzung im Auftritt und der Wirkung nach außen, aber auch in unserem Wohlbefinden bemerkbar. Siehe hierzu das Modell der Salutogenese im Kapitel 4.4.

Werte sind ausschlaggebend für die jeweiligen Biografien der Menschen. Denn unsere Werte geben uns Kraft und die Fähigkeit, die vielen kleinen und großen Aufgaben unseres Lebens zu meistern. Sie entstehen nach und nach im Verlauf unseres Lebens – und werden geprägt z. B. durch Kindheit, Erziehung, Eltern und Schule. So führen autoritäre Erziehung oder körperliche Gewalt, Streit und Geschrei oder auch mangelnde Aufmerksamkeit tendenziell zu einem anderen Wertesystem als beispielsweise eine harmonische Kindheit, ein offener Umgang in der Familie, Großzügigkeit oder Ehrlichkeit.

Einfluss und Wirkung der Werte auf die Beziehungen unseres Lebens

Werte beeinflussen einen wichtigen Bereich unseres Lebens: unsere Beziehungen. Wir fühlen uns zu Menschen oder auch zu Unternehmen und ihren Angeboten hingezogen, weil sie mit unseren eigenen Werten übereinstimmen. Das trifft auch für Partnerschaften zu: Hier bilden ähnliche Lebensmotive und vergleichbare Ziele die Basis für ein langjähriges, glückliches Beisammensein.

Im Berufsleben und z. B. bei der Entscheidung über Anschaffungen beeinflussen Werte unsere Erwartungen und unsere Wahrnehmungen bis hin zu unseren Überzeugungen. Denn Werte motivieren unser Handeln und sind bei der Entscheidungsfindung unersetzlich.

Unternehmen sollten deshalb darauf achten, dass ihre Werte klar, verständlich und unkompliziert formuliert sind. Es ist erwiesen, dass Unternehmen, die ihre Werte vernachlässigen oder überhaupt nicht kommunizieren, in der Kundenbeurteilung deutlich schlechter abschneiden *(Quelle: Gallup – Engagement-Index Deutschland).*

Werte können unter Umständen aber auch zu Misstönen und Störgefühlen im Unternehmen führen. Das kann passieren, wenn die gelebte Realität nicht mit den Aussagen des Unternehmens über seine Werte übereinstimmt. Oder wenn die Realität genau das Gegenteil von dem ist, was das Unternehmen veröffentlicht.

Die Deutsche Bank ist ein passendes, schlechtes Beispiel: Der erst 2013 vom neuen Vorstand veröffentlichte Wertekodex lautet: »Wir halten uns an Regeln und stehen zu unseren Zusagen – ohne Wenn und Aber. Wir wollen Partner unserer Kunden sein. Die geschaffenen Werte teilen wir fair.«

Doch kaum ein anderes Unternehmen steht so sehr am Pranger wie die Deutsche Bank. Gerichtsprozesse, interne Querelen und unlautere Geschäfte demonstrieren, dass die Führung dieses Unternehmens alles andere als ein Vorbild für die Mitarbeiterinnen und Mitarbeiter darstellt.

Werte – Wirkung nach innen

Es sind die »weichen« Faktoren, die über den langfristigen Erfolg Ihres Unternehmens entscheiden. Natürlich spielen Bilanzen, Umsätze, Größe und Bekanntheit eine wichtige Rolle in der Außenwirkung, doch ebenso maßgeblich sind Eigenschaften und Verhalten, die nicht unbedingt messbar sind: die Werte.

Legen Sie Ihren Mitarbeiterinnen und Mitarbeitern gegenüber die vorhandenen Werte, an denen sich das Unternehmen orientiert, offen. Wenn die Menschen im Unternehmen eine Anleitung zu ihrem Verhalten haben, wenn sie wissen, wie und warum gehandelt und kommuniziert wird, dann gewinnen sie Selbstvertrauen und Sicherheit.

Stimmen die Werte überein,
dann stimmt es meistens auch mit der Beziehung.

Sowohl die Motivation als auch die Zufriedenheit mit der Arbeit und mit dem Unternehmen als Ganzem wird gesteigert. Motivation führt nicht nur zu einer Verbesserung der Arbeitsleistung, sondern auch zu weniger Krankmeldungen und zu einer geringeren Fluktuation.

Werte beeinflussen das gesamte Unternehmen

Führungskräfte in Unternehmen sind auch nur Menschen wie wir alle. Deshalb reagieren und handeln sie genau wie andere Menschen auch: Sie bewerten und beurteilen ihre Mitarbeiterinnen und Mitarbeiter nach ihren Wertmaßstäben. Wir sehen immer nur einen Ausschnitt des Verhaltens, z. B. das Verhalten von Sohn, Mutter, Kollege, Chef. Die Werte sind in allen Rollen ähnlich, weil sie in den logischen Ebenen über dem sichtbaren Verhalten liegen *(siehe dazu »Logische Ebenen« von Dilts, Kapitel 2.8)*.

Führungskräfte im Unternehmen achten bei ihren Einschätzungen auf die erbrachten Leistungen, um Pünktlichkeit, Fleiß, Zuverlässigkeit und die Art und Weise des Umgangs mit den Kollegen zu beurteilen. Der Grund dafür liegt auf der Hand: Für die Existenz eines Unternehmens sind Umsätze und Ergebnisse wesentlich. Man könnte meinen, die Menschen, die sich dafür engagieren, sind nur das Mittel zum Zweck. Bei dieser Denkweise übersieht man jedoch schnell die Menschen an und für sich. Deshalb erwarten wir von Führungskräften die Einstellung: Wer Menschen führt, muss Menschen mögen, im Idealfall über ein positives Menschenbild verfügen und den Umgang mit Menschen beherrschen. Dennoch treffen wir immer wieder auf Vorgesetzte, die sich im Lauf der Jahre einen »Tunnelblick« angeeignet haben.

Oft führen der enorme Erfolgsdruck sowie ein fehlendes Unternehmensleitbild, das auch Orientierung in Form eines klaren Werterahmens bietet, zu einer ausschließlichen Konzentration auf Ergebnisse.

Klarheit über sich selbst verschaffen

Ein zeitgemäßes, aufgeschlossenes und zukunftsorientiert denkendes Unternehmen weiß, dass es sich mit einer oberflächlichen Pauschalbeurteilung seiner Mitarbeiterinnen und Mitarbeiter nicht zufriedengeben kann. Agile und nachhaltig agierende Unternehmen lehnen die ausschließliche Orientierung am Ergebnis rigoros ab. Um zu einem werteorientierten Führungsstil zu kommen, sind Disziplin, Energie und Toleranz der Führungskräfte erforderlich. Das heißt konkret: Sie müssen sich über das eigene Selbstbild Gedanken machen – womit das bewusste, aber ebenso das unbewusste Selbstbild gemeint ist.

Erst wenn eine Führungskraft die Fähigkeit besitzt, sich selbst zu erkennen, wenn dem Menschen in leitender Funktion klar geworden ist, wer er wirklich ist und wie er sich dazu entwickelt hat, ist er in der Lage, die ihm anvertrauten Mitarbeiter wirklich erfolgreich zu führen.

Wichtig dabei sind sogar Kleinigkeiten wie der höfliche Umgang miteinander. Zeit für eine Begrüßung oder ein freundliches »Wie geht's?« sollte ein sich offen verhaltender Vorgesetzter immer haben.

Als Führungskraft sollten Sie auf die Mitarbeiter zugehen und Interesse an Mensch und Leistung zu zeigen – das aber möglichst ohne unterschwellig kontrollierendes Eingreifen.

Werte – Wirkung nach außen

Meistens müssen sich Kunden, Lieferanten und andere Geschäftspartner mit einem vagen, eher unbestimmten Gefühl für die Werte des Unternehmens zufriedengeben. Warum? Weil die Werte längst nicht überall kommuniziert werden. Diese rein gefühlsmäßige Einschätzung entsteht im Verlauf der Zeit und über viele verschiedene Kontakte: beim Umgang miteinander, bei der Kommunikation, der Abwicklung geschäftlicher Prozesse, beim Einhalten oder Nichteinhalten von Terminen oder auch bei der Behandlung von Reklamationen. Die veröffentlichten Werte eines Unternehmens tragen zur Optimierung der Wettbewerbsfähigkeit bei, weil sie die Glaubwürdigkeit des Unternehmens fördern und damit die Basis für eine vertrauensvolle und langfristige Zusammenarbeit bilden.

Ihre Werte sind für die Kaufentscheidungen und Loyalität Ihrer Kunden verantwortlich

In fast allen Branchen findet ein enormer Wettbewerb statt. Und jedes der konkurrierenden Unternehmen wird alles versuchen, seine Kundschaft von seinen Angeboten und Leistungen zu überzeugen. Es gilt also, sich von der Konkurrenz abzuheben, die vorhandenen Leistungen vorteilhaft herauszustellen, um im Idealfall eine Alleinstellung zu erreichen.

Es gibt nur einen Boss: den Kunden. Er kann jeden im Unternehmen feuern, von der Geschäftsleitung abwärts, ganz einfach, indem er sein Geld woanders ausgibt.

Samuel Walton, Gründer der US Supermarkt-Kette Walmart

Hier kommen die Unternehmenswerte ins Spiel. Denn bevor sich Ihre Kunden entscheiden, werden sie vergleichen – und das nicht nur bei Design, Nutzen und Preis. Um zu vergleichen, ziehen Kunden bewusst oder unbewusst ihre eigenen inneren Werte zurate und ordnen die verschiedenen Angebote nach ihren eigenen Vorstellungen ein:

Es wird z. B. verglichen:

- Verfügt Unternehmen X über ähnliche Werte wie ich?
- Stimmt Produkt Y mit meinem Wertesystem überein?
- Entspricht die Kommunikation der Mitarbeiter von Z meinen Vorstellungen?

Werte vereinfachen und verbessern das Finden neuer Mitarbeiter

Die Suche nach neuen, qualifizierten Mitarbeitern ist für jedes Unternehmen ein zeit- und kostenintensives Unterfangen – doch schlichtweg unumgänglich. Ein Unternehmen, dass sich seiner Werte bewusst ist und diese als »Employer Branding« auch nach außen und innen kommuniziert, wird schneller und leichter neue Mitarbeiter gewinnen.

Außerdem steigt die Sicherheit, dass der oder die Neue tatsächlich zum Unternehmen passt. Machen Sie sich Ihre eigenen Werte bewusst, sodass Sie im Bewerbungsgespräch schnell und sicher analysieren können, ob der Bewerber Ähnlichkeiten oder gar Übereinstimmungen bei den entscheidenden Eigenschaften mitbringt. Selbstverständlich besitzt die fachliche Kompetenz nach wie vor hohe Relevanz für die Beurteilung Ihrer Bewerber. Machen Sie sich jedoch klar, dass der Kandidat/die Kandidatin das vorhandene Potenzial und die fachlichen Erfahrungen erst dann komplett zum Einsatz bringt, wenn es aus Überzeugung und eigenem Willen heraus geschieht.

Bei Bewerbungen helfen Ihnen Werte, die Spreu vom Weizen zu trennen.

Dieses Wollen hängt maßgeblich davon ab, ob die Werte des neuen Mitarbeiters mit den Werten Ihres Unternehmens übereinstimmen.

Werte – ein Fazit

Ein vorhandenes Wertemanagement bedeutet, dass die Unternehmenswerte nach außen und innen sichtbar gemacht werden. Zu den Werten werden die innere Haltung, die übergeordnete Leitidee und die elementaren Einstellungen des Unternehmens gezählt. Sinn ergeben diese Aussagen aber erst, wenn sie nicht nur veröffentlicht und schriftlich fixiert vorliegen, sondern durch die Führungsebenen tagtäglich vorgelebt werden.

Den Rahmen dieser individuellen, von Firma zu Firma variierenden Werte bilden die vier Kardinaltugenden menschlichen Zusammenlebens – abgeleitet aus dem Gedankengut des griechischen Philosophen Platon – siehe Exkurs weiter unten.

Werte prägen unseren Alltag – das trifft insbesondere für die Zusammenarbeit und das Zwischenmenschliche in unserem Berufsleben zu. Durch Werte werden erstrebenswerte Ziele und mustergültige Ideale aufgezeigt. Dabei ist es wesentlich, dass die Werte verständlich, wirklichkeitsnah und nachvollziehbar formuliert sind. Weitsichtige Unternehmer gehen deshalb einen Schritt weiter, indem sie ihre Werte kennen und diese bewusst und aktiv leben. Gelebte Werte sind damit für Kunden, Mitarbeiter und Geschäftspartner bei jedem Kontakt mit dem Unternehmen zu erleben, zu spüren und zu erfahren.

Wertebezogene Unternehmen erfüllen damit zweierlei Bedürfnisse: Sie haben einerseits eine gemeinsame Handlungs- und Verhaltensbasis nach innen, sodass es leichter fällt, erfolgreich und zielgerichtet zu agieren. Andererseits ziehen sie genau die Kunden an, die im gleichen Wertesystem leben, was zu höherer Effizienz und mehr Begeisterung führt. Wertebezogene Unternehmen steuern mit dem Sichtbarmachen ihrer Werte gezielt den Aufbau und Erhalt Ihres Markenimages an.

Werte im Unternehmen sind unentbehrliche Erfolgsfaktoren

Wenn man den Inhalt dieses Kapitels auf einen Nenner bringen will, dann steht der Begriff »Werte im Unternehmen« für all das, was Ihnen bei Ihrer Arbeit wichtig ist. Werte drücken die Eigenschaften und Ideale aus, die für uns erstrebenswert sind und nach denen wir handeln. Festgeschriebene Leitwerte dienen der Unternehmensführung und den Mitarbeitern als Handlungsorientierung, Verhaltensmaßstab und Entscheidungsgrundlage.

Eine Firma, die sich ihrer vorhandenen Werte bewusst ist und sich als »lernende Organisation« aufstellt und entsprechend verhält, weiß, wie wichtig die Integration der Mitarbeiterinnen und Mitarbeiter ist. Dieses Unternehmen wird seine Werte klar und verständlich nach außen ebenso wie nach innen kommunizieren und verfügt damit über einen nicht zu unterschätzenden Erfolgsfaktor.

Klar, es kommt darauf an, ob die gemeinsamen Werte von den Mitarbeitern anerkannt, verinnerlicht und im Arbeitsalltag gelebt werden. Ist diese Integration jedoch erfolgt und gelungen, dann üben die Werte großen Einfluss aus, da sie die gesamte Kultur des Unternehmens bestimmen und stärken. Erfolgreich kommunizierte Werte unterstützen das Unternehmen in der Optimierung der Wettbewerbsfähigkeit und verbessern zugleich die wirtschaftlichen Ergebnisse. Werte schaffen somit Sicherheit für die Zukunft der Organisation und ihrer Mitarbeiter.

Werte fördern die Zusammenarbeit, sie spornen an und motivieren.

Werte haben Einfluss auf jedes Geschehen und jegliches Handeln. Sie sind fester Bestandteil der unternehmerischen Zielsetzung, weil sie dazu beitragen, alle Beteiligten anzuspornen und zu motivieren. Werte führen mit der unternehmerischen

Vision zu einer gemeinsamen Identifikation. Bei Entscheidungen und bei Konflikten helfen Werte, zu Lösungen und Ergebnissen zu kommen.

Kommen wir allerdings zum alles entscheidenden Faktor: Die veröffentlichten Werte erfüllen nur dann ihren Zweck, wenn jede Mitarbeiterin und jeder Mitarbeiter im Unternehmen sie kennt, danach handelt und sie als tauglich im Denken und Handeln innerhalb des eigenen Arbeitsbereichs erachtet.

Werte, die irgendwann einmal irgendwo aufgeschrieben wurden und die so gut wie niemand kennt, haben hingegen keinerlei Bedeutung für das unternehmerische Geschehen.

Authentische Werteentwicklung aus dem Kern des Unternehmens

Unternehmen, die ihre Werte von oben herab bestimmen und damit ihrer Belegschaft ein bestimmtes Verhalten aufzwingen, stellen oft fest, dass Wunsch und Wirklichkeit nicht übereinstimmen. Das liegt daran, dass Werte ihre Aufgabe erst dann erfüllen können, wenn sie die Zustimmung aller Beteiligten im Unternehmen gewonnen haben.

Aus genau diesem Grund sollten Ihre Unternehmenswerte mit aktiver Beteiligung der Mitarbeiterinnen und Mitarbeiter erarbeitet und definiert werden.

Die Erklärung dafür ist ganz einfach: Werte kann man weder erfinden noch entwickeln. Um den tatsächlich vorhandenen authentischen Werterahmen zu definieren, gibt es nur diesen einen Weg – über die gemeinsame Entwicklung. Nur auf diese Weise entsteht ein Ergebnis, in dem sich alle Beteiligten so repräsentiert sehen, dass sie sich damit identifizieren können.

Binden Sie Ihre Mitarbeiterinnen und Mitarbeiter in die Wertearbeit ein und jede und jeder Einzelne, jedes Team, jede Abteilung wird sich erheblich leichter und besser mit dem Unternehmen identifizieren können. Daraus entsteht eine enorme gemeinsame Zugkraft.

Eine Reihe von Aufgaben im folgenden Workshop werden Ihnen helfen, Einstellung und Denken zu überprüfen und Klarheit über die eigene Persönlichkeit zu gewinnen. Menschen, die sich selbst treu sind und ihr Handeln nach ihren eigenen Werten ausrichten, sind in der Regel sicherer in ihren Entscheidungen, lockerer im Umgang mit ihren Mitmenschen, erfolgreicher im Beruf und glücklicher in ihrem Leben.

Exkurs: Platon – die Kardinaltugenden menschlichen Zusammenlebens

Die grundlegenden Werte unseres Zusammenlebens sind keine Erfindung der Neuzeit, sondern haben eine bereits 2500-jährige Historie vorzuweisen. Es ist der griechische Philosoph Platon, der erstmalig von den vier Kardinaltugenden mit herausragender Bedeutung für die zwischenmenschlichen Beziehungen spricht:

- Gerechtigkeit
- Tapferkeit
- Maßhalten
- Klugheit

Die gesamte abendländische Kultur hat sich an den Ansichten der griechischen Philosophen orientiert. Platons Werte nehmen dabei eine Sonderstellung ein, auf die wir hier kurz eingehen wollen:

Mit **Gerechtigkeit** sind nicht die Justiz und die Gesetze gemeint, sondern der Mensch, der gegenüber sich selbst und anderen gerecht ist – also eine soziale Gerechtigkeit, zu der gerechte Güterverteilung, gerechte Chancenverteilung und gerechter Lohn gehört. Ohne diese Art von Gerechtigkeit wird es keinen Frieden geben.

Mit **Tapferkeit** ist nicht die des Soldaten gemeint, sondern die innere Freiheit des einzelnen Menschen. Es ist der Tapfere, der Verantwortung übernimmt, der zu seiner Meinung steht und für die Werte eintritt, von denen er überzeugt ist.

Ein sehr wichtiger Wert ist das **Maßhalten**. Viele Menschen sind maßlos sich selbst gegenüber, müssen immer perfekt und gut drauf sein und permanent Erfolg haben. Es gilt für uns alle, das richtige Maß zu finden – bei der Arbeitszeit ebenso wie beim Konsum oder bei der Ausschöpfung natürlicher Ressourcen. Maßhalten regt uns an nachzudenken, was gut und was weniger gut für uns ist.

Die Tugend der **Klugheit** ist die Gabe, richtig zu entscheiden, im Umgang mit anderen und im Gespräch zu wissen, was klug ist, wie ich vorgehe, was passiert, wenn ich mich so oder so verhalte. Klugheit ist auch die Gabe der Voraussicht, der intelligenten Planung, der richtigen, vernünftigen Visionen.

Wir würden diese vier Grundtugenden heute wahrscheinlich anders ausdrücken: Gerechtigkeit ist so etwas wie Fairness und Ehrlichkeit. Tapferkeit entspricht der heutigen Zivilcourage. Maßhalten würden wir mit Nachhaltigkeit übersetzen. Andere Worte, doch inhaltlich gleich: Es sind unsere Werte, die unser Leben wertvoll gestalten.

5.5 Workshop – gemeinsames Erarbeiten der Unternehmenswerte

Ziel: Die Werte Ihres Unternehmens sind formuliert und festgeschrieben.

Die Ermittlung ihrer Unternehmenswerte ist für alle Beteiligten ein aufschlussreiches, interessantes Kapitel, das oft zu unerwarteten Erkenntnissen führen kann. Schritt für Schritt führen wir Sie zum Ziel:

5.5.1 Ihr Selbstbild – Ihre Werte als Leitschnur für Ihr Denken und Handeln
5.5.2 Die Erarbeitung Ihrer Unternehmenswerte
5.5.3 Erfüllungskriterien
5.6 Die grüne Seite: der Werterahmen Ihres Unternehmens

Einige Ihrer Mitarbeiter sind aktiv an den Workshops und Diskussionen beteiligt. Bei der Ermittlung der Werte werden auch ihre individuellen und persönlichen Werte berücksichtigt – ein Vorgang, der eine nachhaltige und tiefe Wirkung haben kann. Denn die Mitwirkung am Entstehungsprozess führt oft dazu, dass Mitarbeiterinnen und Mitarbeiter anschließend bereit sind, mehr Verantwortung zu übernehmen, die eigenständige Arbeit auszuweiten und verstärkt eigene Ideen und Fähigkeiten ins Unternehmen einzubringen.

Bei der Erarbeitung gemeinsamer Unternehmenswerte entstehen oft kontroverse Diskussionen. Diese unterschiedlichen Meinungen kommen unmittelbar aus dem Unternehmen und verleihen der Entwicklung Ihrer Werte die von uns angestrebte Nähe zur tagtäglichen Wirklichkeit. Begreifen Sie daher die Kraft, die in solchen Diskussionen liegt, als gewinnbringend für Ihren Leitbildprozess.

5.5.1 Ihr Selbstbild – Ihre Werte als Leitschnur für Ihr Denken und Handeln

Ziel: Sie gewinnen einen Überblick und Klarheit über Ihre eigenen, persönlichen Werte.

Sie sind aufgefordert, Ihr Innenleben zu erforschen und zu notieren, was Sie dabei aufgestöbert haben. Wichtig: Die Ergebnisse dieser Aufgabe werden nicht veröffentlicht und auch nicht in der Gruppe besprochen. Gehen Sie deshalb bitte zwanglos und ohne jede Scheu an diese Aufgabe heran.

Wichtige Anmerkung zur Aufgabe:
Es geht weniger um die Beantwortung der Fragen als darum, dass Sie sich selbst durch die Beschäftigung mit der Thematik besser kennenlernen. Sie sollen wissen, wer Sie sind, um zu sich selbst bewusst Ja zu sagen.

Ja, Sie sind einmalig und darauf können Sie stolz sein – und dankbar! Als dieser einmalige Mensch sind Sie fähig, Besonderes zu leisten und eine persönliche Spur in der Welt zu hinterlassen.

5.5.1.1 Ihr Selbstbild

Einzelarbeit

20 Minuten

Ziel: Sie haben Ihr Selbstbild vertieft.

Aufgabenstellung: Lernen Sie einen guten alten Bekannten – nämlich sich selbst – noch ein wenig besser kennen. Unsere nebenstehenden Fragen sollen Ihnen dabei als Anregung dienen. Erst wenn Sie sich selbst richtig gut kennen, sind Sie in der Lage, Ihr Denken und Verhalten der Wirklichkeit entsprechend einzuschätzen.

Sie müssen nicht befürchten, dass Ihr unbewusstes Selbstbild vollkommen anders ausfällt als das, über das Sie sich bewusst sind. Gehen Sie unbekümmert, frisch, ruhig, aber auch neugierig an die Beantwortung der Fragen. Denken Sie nicht zu lange nach, sondern schreiben Sie auf, was Ihnen sofort und spontan dazu einfällt.

Art der Aufgabe: Einzelarbeit
Zeitaufwand: 20 Minuten

Man kann einen Menschen nichts lehren;
man kann ihm nur helfen, es in sich selbst zu finden.
Galileo Galilei

Wie schätzen Sie sich selbst ein?

In welchen Bereichen sind Sie besonders stark und leistungsfähig?

Kennen Sie Ihre Schwachstellen? Wenn ja, welche sind es?

Wie sehen Sie sich als Persönlichkeit? Bitte beschreiben Sie sich selbst.

Was sind Ihre besonderen Fähigkeiten und Talente?

Welche Eigenschaften machen Sie einmalig und unverwechselbar?

5.5.1.2 Ihr Selbstbild – Wiederholung *(ca. eine Woche später)*

Einzelarbeit

15 Minuten

Ziel: Sie kennen Ihr Selbstbild.

Aufgabenstellung: Nehmen Sie das ausgefüllte Arbeitsblatt aus Aufgabe 5.5.1.1 erneut zur Hand. Was fällt Ihnen besonders auf? Setzen Sie an den Stellen Haken, an denen Sie mit Ihrer Antwort bereits zufrieden sind. Denken Sie die Antworten, die Ihnen nicht mehr stimmig vorkommen, noch einmal neu oder tauschen Sie sie gegen besser zutreffende aus. Was fehlt noch? Bitte ergänzen!

Art der Aufgabe: Einzelarbeit
Zeitaufwand: 15 Minuten

Es ist nicht schwer, Entscheidungen zu treffen,
wenn du erst weißt, welche deine Werte sind.
Roy E. Disney

5.5.1.3 Wichtiges aus Ihrem Leben

Einzelarbeit

30 Minuten

Ziel: Sie reflektieren die markantesten Höhen und Tiefen Ihres Lebens.

Aufgabenstellung: Zeigen Sie mithilfe der nebenstehenden Grafik die Höhepunkte und die Tiefpunkte Ihres bisherigen Lebens auf. Setzen Sie dafür wirklich markante, herausragende und bewegende Lebensereignisse ein. Als Ergebnis erhalten Sie eine Grafik, die so oder ähnlich aussehen könnte:

Art der Aufgabe: Einzelarbeit
Zeitaufwand: 30 Minuten

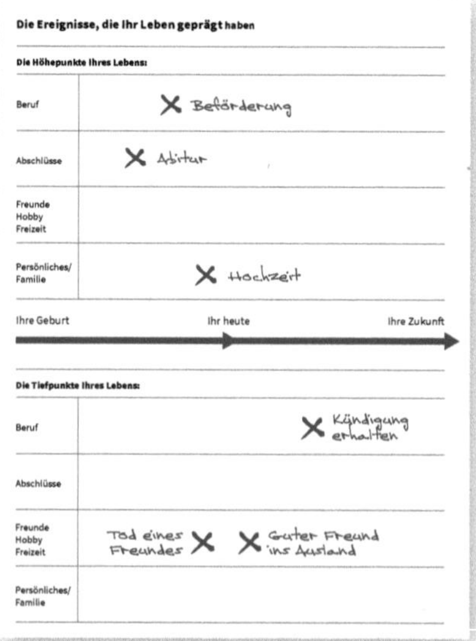

Die Ereignisse, die Ihr Leben geprägt haben

Die Höhepunkte Ihres Lebens:

Beruf	X Beförderung
Abschlüsse	X Abitur
Freunde Hobby Freizeit	
Persönliches/ Familie	X Hochzeit

Ihre Geburt — Ihr heute — Ihre Zukunft

Die Tiefpunkte Ihres Lebens:

Beruf	X Kündigung erhalten
Abschlüsse	
Freunde Hobby Freizeit	Tod eines Freundes X X Guter Freund ins Ausland
Persönliches/ Familie	

Die Ereignisse, die Ihr Leben geprägt haben

Die Höhepunkte Ihres Lebens

Beruf	
Abschlüsse	
Freunde Hobby Freizeit	
Persönliches Familie	

Ihre Geburt — Ihr Heute — Ihre Zukunft

Die Tiefpunkte Ihres Lebens

Beruf	
Abschlüsse	
Freunde Hobby Freizeit	
Persönliches Familie	

Einzelarbeit

30 Minuten

5.5.1.4 Ihre wichtigsten Werte

Ziel: Sie kennen Ihre wichtigsten Werte.

Aufgabenstellung: Nehmen Sie sich das Arbeitsblatt 5.5.1.3 vor und gehen Sie sowohl Ihre positiven als auch Ihre negativen Lebensereignisse durch.

Beantworten Sie bitte die folgenden Fragen:

- Worauf haben Sie besonderen Wert gelegt?
- Was ist Ihnen besonders wichtig?

Finden Sie pro Ereignis ein Substantiv – Ihren Wert –, der das jeweilige Ereignis treffend beschreibt. Wiederholungen sind hierbei möglich, ja sogar wahrscheinlich. Lassen Sie sich von den Wertebegriffen aus dem Kapitel 5.5.2.2 inspirieren.

Es handelt sich um Bezeichnungen, die viele Menschen zu ihren eigenen Werten zählen. Ihre persönlichen Wertvorstellungen sind nicht dabei? Kein Wunder, unsere Liste ist nicht vollständig und deshalb auch nach allen Seiten offen. Sie können – nein, Sie sollen sogar – bitte auch Werte einsetzen, die nicht auf der Liste zu finden sind.

Art der Aufgabe: Einzelarbeit
Zeitaufwand: 30 Minuten

Die Schlagworte zu den Ereignissen Ihres Lebens

5.5.2 Die Erarbeitung Ihrer Unternehmenswerte

Nachdem Sie sich Ihre eigenen Werte bewusst gemacht haben, wenden wir uns dem Hauptziel dieses Kapitels zu: der Erarbeitung der Werte des Unternehmens.

Wie in unserem privaten Leben verknüpfen wir Menschen auch im beruflichen Alltag unseren Grad an Zufriedenheit und Erfüllung an Werte. Die Vorgehensweise, um diese Werte aufzudecken, ist ähnlich – jedoch können die Inhalte variieren. Obwohl der berufliche Alltag einen sachlichen und pragmatischen Hintergrund hat, werden Sie bereits erkannt haben, dass unser Verhalten und unsere Handlungen auch im Unternehmen von unseren Gefühlen geprägt werden.

Auch bei der Benennung der Unternehmenswerte werden wir von unseren Gefühlen stärker geleitet als von unserer Ratio. Hier gilt es, die Werte herauszukitzeln, die uns tatsächlich und tagtäglich im Unternehmen begegnen.

Die Integration der Mitarbeiterinnen und Mitarbeiter erleichtert die spätere Einführung und Identifikation mit den gefundenen Werten. Denn sie entsprechen der Wirklichkeit und werden wie selbstverständlich unter Kollegen, mit Kunden und Geschäftspartnern »gelebt«.

alle

30 Minuten

5.5.2.1 Aufforderung zum Querdenken

Ziel: Sie sind von gewohnten Denkmustern abgewichen.

Aufgabenstellung: Führen Sie in der Gruppe ein Brainstorming durch. Beantworten Sie die von uns gestellten fünf Querdenkerfragen oder auch Katastrophenfantasien mit maximaler Kreativität und ernsthaftem Humor.

Notieren Sie die erhaltenen Antworten auf einer Flipchart und hängen Sie die einzelnen Blätter anschließend nebeneinander im Raum auf, denn sie können bei der nächsten Aufgabe hilfreich sein.

Art der Aufgabe: Gruppenarbeit
Zeitaufwand: 30 Minuten

1 Wodurch können Sie besonders zuverlässig erreichen, dass die Umsetzung der Vision verhindert wird?

---

2 Welche Ihrer Fähigkeiten müssen Sie auf jeden Fall verleugnen bzw. dürfen Sie nicht nutzen, um Ihr Unternehmen in eine handfeste Krise zu stürzen?

---

3 Wer oder was könnte Sie dabei unterstützen, damit Sie auf jeden Fall alle Ihre Kunden verlieren?

---

4 Wie können Sie sich optimal motivieren, um die Unzufriedenheit Ihrer Belegschaft maximal zu erhöhen?

---

5 Wie könnte es Ihnen gelingen, dass die Belegschaft über das neue Leitbild lacht und es zu 100 % ablehnt?

Exkurs: Brainstorming – der Klassiker unter den Kreativitätstechniken

Der Begriff »Brainstorming« setzt sich aus den beiden englischen Wörtern Brain = Gehirn und Storm = Sturm zusammen. »Brainstorming« bezeichnet eine überaus effektive und sehr oft eingesetzte Methode, um innerhalb einer Gruppe verschiedene Lösungsansätze, Ideen, Impulse und Anregungen zu einem vorgegebenen Thema zu finden.

Der Vorteil beim Brainstorming liegt darin, dass sich die Teilnehmerinnen und Teilnehmer durch ihre Beiträge gegenseitig zu immer neuen Ideenkombinationen motivieren, wodurch meistens ein sehr breit gefächertes Ergebnis erzielt wird.

Ein Brainstorming ist offen und absolut demokratisch. Beinahe alles ist erlaubt und niemand hat das Recht, andere zu kritisieren oder ihnen gar den Mund zu verbieten. Innerhalb einer Gruppe gemeinsam nach Ideen und Antworten zu suchen macht nicht nur Spaß, es kommen auch deutlich mehr Ergebnisse zustande, als wenn jeder in seinem stillen Kämmerlein sitzt und allein vor sich hin brütet.

Damit ein Brainstorming zum gewünschten Ergebnis gelangt und unnötige Umwege vermieden werden, sollte ein qualifizierter Mitarbeiter oder eine qualifizierte Mitarbeiterin die Diskussion leiten und steuern. Er/Sie hat darauf zu achten, dass die Teilnehmer im Eifer der Diskussion nicht abschweifen – falls das passiert, sollte er/sie eingreifen, um die Gruppe zum Thema zurückzuführen.

Brainstorming zählt zu den effektivsten Methoden der Ideenfindung und hat zudem den Vorteil, die Bindung innerhalb des Teams sowie die Zusammenarbeit zu fördern.

Effizientes Brainstorming nach Alex F. Osborn

Einer der Gründer der weltweit agierenden Werbeagenturkette BBDO, Alex F. Osborn, hat sich bereits um 1940 Gedanken gemacht, wie Ideenfindung durch Brainstorming noch sinnvoller und zielführender gelingen kann. Der Werbeexperte ging davon aus, dass sich eine größere Anzahl eingebrachter Ideen vorteilhaft auswirken würde. Je mehr Ideen vorliegen, desto größer die Chance, weitere, interessante Lösungsvorschläge zu erhalten.

Osborn erkannte, dass Brainstorming aus zwei wesentlichen Phasen besteht:
1. Die Produktionsphase – auch »green light stage« genannt.
2. Die Auswahl und Entscheidungsphase – auch »red light stage« genannt.
Während der »green light stage« sind die Teilnehmer aufgefordert, Ideen zu finden – und zwar so viele wie möglich. Dabei ist die Quantität der Einfälle wichtiger als die Qualität. Spaß, Fantasie und Entkrampfung stehen im Vordergrund.

Die folgenden Regeln wurden aufgestellt, um die gewünschten Ergebnisse zu erreichen:

- **Keine Kritik!**
  Kritik behindert den Ideenfluss. Ihr Platz ist in der zweiten Phase.

- **Kombinationen sind erwünscht und erlaubt!**
  Neue Beiträge dürfen an vorherige anknüpfen;
  dazu ist nicht die Erlaubnis der Urheber erforderlich.

- **So ausgefallen wie möglich!**
  Lassen Sie Ihrer Fantasie freien Lauf! Ausgewählt wird später. Es gibt keine unnützen Beiträge. Alles, was gesagt wird, dient der Entkrampfung und kann den anderen Mitgliedern im Team Anstoß und Anregung zu weiteren, entscheidenden Ideen liefern.

»Red light stage« – hier werden die zuvor genannten Ideen bewertet. Um die Auswahl zu erleichtern, hat sich die Ulmann-Technik bewährt: Die Teilnehmerinnen und Teilnehmer bewerten auf einer Punkteskala ihre Ideen nach bestimmten Kriterien und finden damit wieder den Weg zurück in die Realität: Um die Auswahl zu erleichtern, werden die zuvor genannten Ideen nach

- Einfachheit,
- Realisierbarkeit und
- Schwierigkeitsgrad

bewertet.

Exkurs: Mit sechs Hüten zu kreativen Lösungen kommen. Denken und Handeln wie der große Denker Edward de Bono.

Der britische Mediziner und Kognitionswissenschaftler Edward de Bono gehört zu den führenden Lehrern für kreatives Denken. Für Ihre interne Ermittlungsarbeit sind seine »Denkhüte« von besonderem Interesse. De Bonos Theorie: Das Gehirn denkt in unterschiedlichen Weisen, die bewusst angesteuert werden können und somit in einer Diskussion zu bestimmten Zeiten eingesetzt werden.

De Bono geht davon aus, dass in einer Gruppe parallel, also sehr ähnlich gedacht wird. Das bedeutet, dass bei der Bearbeitung einer Aufgabe, alle Beteiligten stets die gleiche Hutfarbe aufhaben und gemeinsam die Hüte wechseln, mithin parallel denken. So werden Konflikte vermieden und dennoch alle Positionen berücksichtigt. De Bono selbst bezeichnet die sechs Denkhüte auch als Methode zur Verbesserung der Kommunikation in einer Gruppe.

Der weiße Hut:
analytisches Denken: Konzentration auf Tatsachen, Anforderungen und wie sie erreicht werden können *(objektiv: das weiße Blatt)*

Der gelbe Hut:
optimistisches Denken: Was ist das Best-Case-Szenario? *(spekulativ: Sonnenschein)*

Der schwarze Hut:
kritisches Denken: Risikobetrachtung, Probleme, Skepsis, Kritik und Ängste mitteilen *(kritisch: Schwarzmalerei)*

Der grüne Hut:
kreatives, assoziatives Denken: neue Ideen, Kreativität *(konstruktiv: Wachstum)*

Der blaue Hut:
ordnendes, moderierendes Denken: Überblick über die Prozesse *(»Big Picture«: der blaue Himmel)*

Der rote Hut:
emotionales Denken, Empfinden: Konzentration auf Gefühle und Meinungen *(subjektiv: Feuer und Wärme)*

Exkurs: Querdenken – unkonventionell Probleme lösen

Wir unterscheiden zwischen zwei unterschiedlichen Denkweisen: Das Querdenken wird dabei auch als »laterales Denken« bezeichnet – das Gegenteil wäre das »lineare Denken«. Lineares Denken heißt, dass nach üblichen, erlernten Mustern *(Schritt für Schritt und immer brav beim Thema bleiben)* vorgegangen wird.

Das kreative *(laterale)* Querdenken setzt sich über alles Herkömmliche und Gewohnte hinweg und erlaubt zu jeder Zeit auch Sprünge: nach hinten, nach vorne, in irgendeine Richtung. Beim Querdenken entstehen dadurch häufiger ungewöhnliche Ideen oder Ansätze, die bei der einfachen Schritt-für-Schritt-Methode nicht erreicht werden.

Querdenker sind individuelle Menschen, die sich weniger an Konventionellem orientieren, sondern das Neue und den Widerspruch suchen. Früher galten Querdenker oft als Unruhestifter und Störenfriede. Heute werden Menschen mit den Fähigkeiten eines Querdenkers von manchen Unternehmen gezielt gesucht, um zu neuen Lösungen, frischen Strategien oder auch verblüffenden Produktideen zu kommen.

Querdenkerfragen – mit paradoxen Fragen zu überraschenden Antworten

Auf »normale« Fragen bekommt man meistens auch »normale« Antworten. Querdenkerfragen provozieren schon durch die Art und Weise der Fragestellung. Sie rütteln auf, beflügeln das Denken und schaffen neue Perspektiven. Um Querdenkerfragen zu beantworten, muss man tief in die gestellten Aufgaben einsteigen und sich intensiv mit den Inhalten auseinandersetzen. Nur dadurch sind Sie in der Lage, die passenden Antworten zu entwickeln, die vom Fragenden erwartet werden.

Out-of-the-Box-Denken – bewusst und geplant die üblichen Denkweisen verlassen

Out-of-the-Box-Denken ist eine Methode, um neue und andere Wege zu beschreiten. Dabei steckt eine ernst zu nehmende Kreativtechnik dahinter. Die »Box« sollte allerdings tatsächlich vorhanden und im Einsatz sein. Sie wird mit allen Argumenten, Meinungen, Statements usw. zum Projekt gefüllt, die durch die bisher übliche Denkweise entstanden sind. Ist der Inhalt der Box festgelegt und definiert, kann mit einem völlig neuen Denken auf bisher nicht beschrittenen Wegen außerhalb der Box komplett neu begonnen werden.

Das Neun-Punkte-Problem – über den Tellerrand hinausschauen

Eine Aufgabe der Denkpsychologie ist das Neun-Punkte-Problem. Die Aufgabe besteht darin, neun als Quadrat angeordnete Punkte mit einem Stift durch vier oder weniger gerade Linien zu verbinden, ohne den Stift abzusetzen. Hier beißen sich die meisten Teilnehmer fest, weil sie annehmen, dass sie beim Zeichnen das Quadrat nicht verlassen dürfen. Doch genau das ist der springende Punkt: Erst durch ungewöhnliches Denken und Umsetzen sind überhaupt Lösungen möglich.

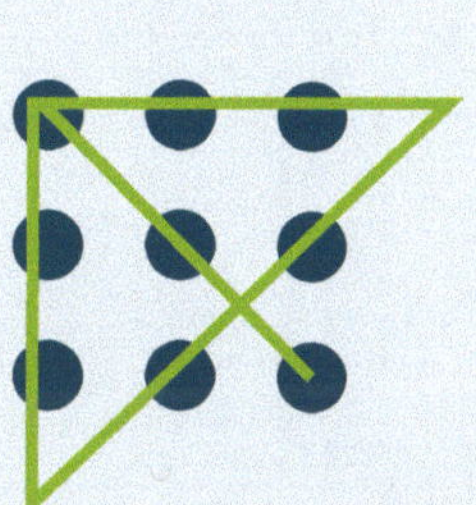

5.5.2.2 Ihre Unternehmenswerte

Einzelarbeit

15 Minuten

Ziel: Ihre zehn wichtigsten Unternehmenswerte sind priorisiert.

Aufgabenstellung: Finden Sie die nach Ihrer Ansicht zehn wichtigsten Werte, die in Ihrem Unternehmen zurzeit gelebt werden oder zukünftig gelebt werden müssen. Sortieren Sie diese Werte in die nebenstehende Pyramide, wobei Sie den wichtigsten Wert bitte ganz oben eintragen. Zur zusätzlichen Inspiration können Sie sich unsere Werteliste auf den folgenden Seiten ansehen.

Art der Aufgabe: Einzelarbeit
Zeitaufwand: 15 Minuten

Die wichtigsten zehn Werte für unser Unternehmen:

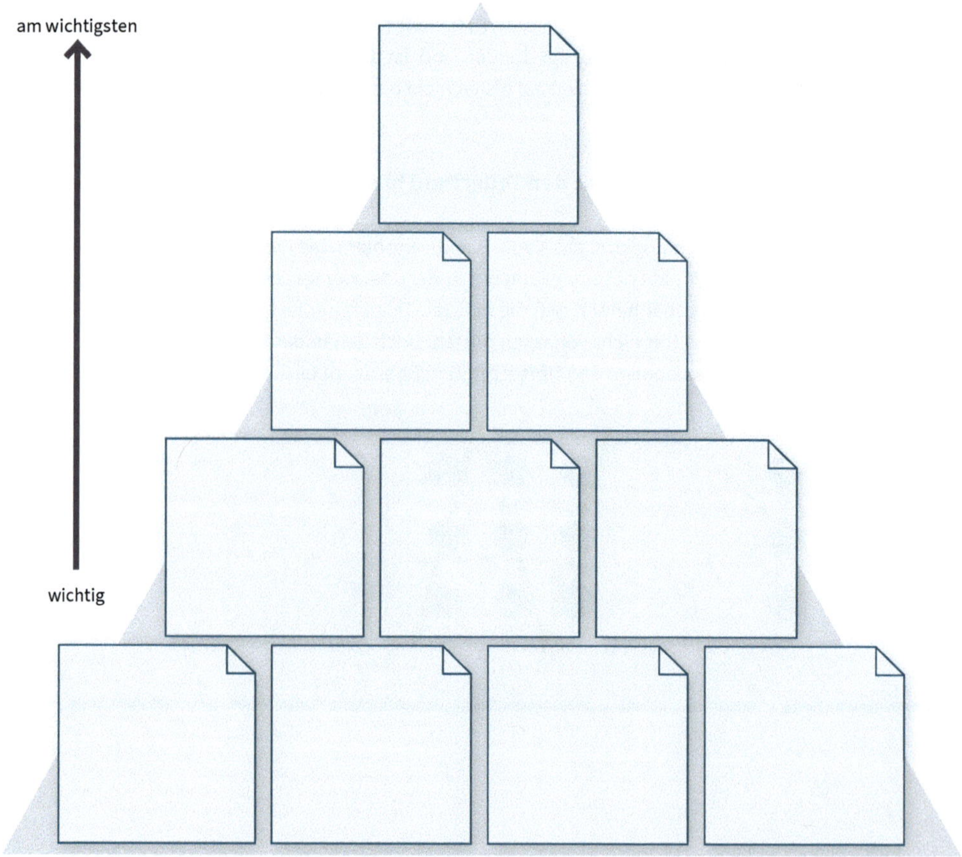

am wichtigsten

wichtig

Werte – Anregungen und Beispiele

Aktivität
Anerkennung
Ansehen
Anziehungskraft
Attraktivität
Aufrichtigkeit
Aussehen
Ausstrahlung
Authentizität
Bedeutung
Begeisterung
Beharrlichkeit
Beliebtheit
Besitz
Bewunderung
Beziehungsfähigkeit
Bindung
Bindungsfähigkeit
Charisma
Ehrgeiz
Ehrlichkeit
Eloquenz
Entwicklung
Erfolg
Familie
Fitness
Fortschritt
Freigiebigkeit
Freiheit
Freizeit
Freude
Freundschaft
Geborgenheit

Gelassenheit
Geselligkeit
Geld
Genuss
Gesundheit
Gerechtigkeit
Glück
Harmonie
Häuslichkeit
Heiterkeit
Höflichkeit
Humor
Intellekt
Intelligenz
Karriere
Kinder
Kreativität
Lebensfreude
Lebensstil
Leistung
Lernen
Liebe
Macht
Mobilität
Nachhaltigkeit
Offenheit
Optimismus
Ordnung
Partnerschaft
Perfektionismus
Pflichterfüllung
Pflichtgefühl
Pünktlichkeit

Reichtum
Respekt
Rückhalt
Ruhe
Selbstwert
Sexualität
Sicherheit
Sieg
Sinn
Sorgfalt
Sportlichkeit
Sympathie
Teamfähigkeit
Toleranz
Tradition
Treue
Überlegenheit
Unabhängigkeit
Unbekümmertheit
Veränderung
Verantwortungs-bewusstsein
Vergnügen
Vertrauen
Vision
Wachstum
Wertschätzung
Wohlstand
Zielstrebigkeit
Zukunftsorientierung
Zuverlässigkeit

Exkurs: Die Affektbilanz – Gefühle erkennen und einordnen

Wenn wir etwas zu entscheiden haben – z. B. was wir im Restaurant bestellen wollen, was wir heute anziehen oder wohin es im nächsten Urlaub gehen soll –, dann wird unser Verstand eingeschaltet und übernimmt diese Aufgabe. Richtig? Oder etwa nicht?

Der Neurowissenschaftler Antonio Damasio hat 1994 herausgefunden, dass unsere Gefühle sehr viel mehr in unsere Entscheidungsprozesse involviert sind, als die gesamte denkende Menschheit bisher angenommen hatte. Auf die richtige Spur kam er durch mehrere Personen, die nach schweren Unfällen Schäden an ihrem Gehirn erlitten hatten. Damasio diagnostizierte, dass Beschädigungen des Frontallappens – vorne in der Stirn – zwar nicht die Intelligenz und das Wahrnehmungsvermögen beeinträchtigen, wohl aber enorme Auswirkungen auf die Fähigkeit haben, kluge und sachliche Entscheidungen zu treffen. Außerdem litten die Patienten unter Gefühlsarmut.

Das Fazit des Hirnforschers: Unsere Gefühle sind an allen unserer Entscheidungen beteiligt und unentbehrlich. Ab hier wird es kompliziert, denn unsere Emotionen und unser Verstand sind längst nicht immer der gleichen Meinung. Wird uns z. B. ein neuer, toller Job angeboten, bei dem wir uns vorstellen, er würde so richtig Spaß machen, kommt der Verstand daher, schaut auf die zu erwartende Bezahlung und sagt: »Stopp! Damit kannst du doch nicht mal deine laufenden Unkosten decken!« Und schon haben wir das Dilemma.

Die Diplompsychologin Dr. Maja Storch hat sich auf das Thema »Entscheidungen treffen« spezialisiert. Maja Storch arbeitet nach dem Prinzip: Eine gute Entscheidung ist eine Entscheidung, bei der Verstand und Unterbewusstes koordiniert sind.

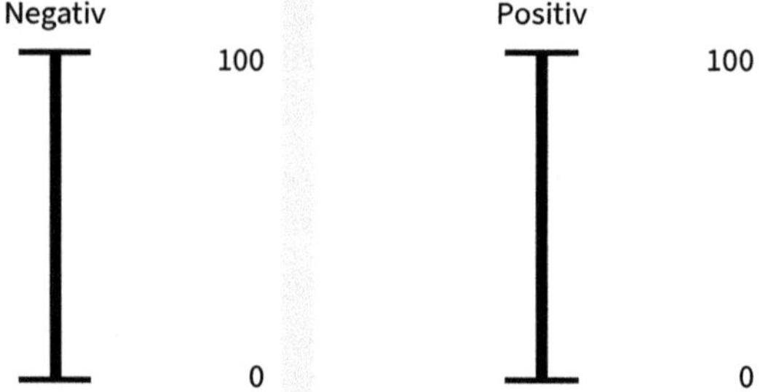

Um diese Koordination zu erreichen, hat Maja Storch die »Affektbilanz« entwickelt. Ein einfaches und schlüssiges System, um das Bauchgefühl bei einer Entscheidung besser zu berücksichtigen. Es werden zwei Linien parallel gezeichnet, wobei die eine für die negativen und die andere für die positiven Gefühle bei einer Entscheidung steht. Dann werden Bewertungen zwischen 0 und 100 eingetragen. Durch das Aufzeichnen und Sichtbarmachen erhalten die beiden Seiten einen ganz neuen Stellenwert, sodass es leichter wird, die endgültige Entscheidung zu treffen.

Ihr Weg zur Verdichtung und endgültigen Ermittlung der Unternehmenswerte

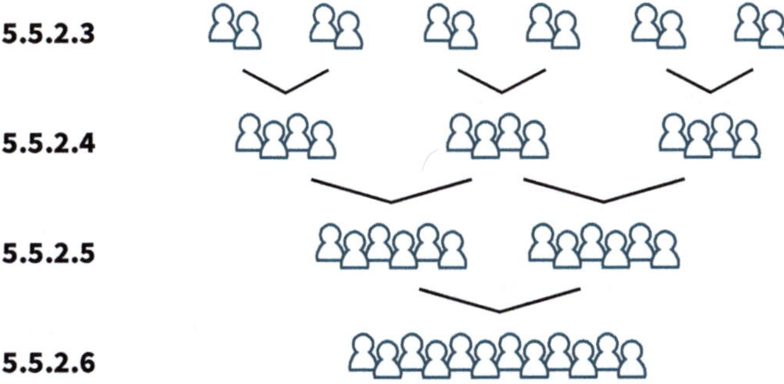

Ihre zehn wichtigsten Unternehmenswerte

5.5.2.3 Werteentwurf in Partnerarbeit

Partnerarbeit

20 Minuten

Ziel: eweils zwei individuelle Werteentwürfe wurden zu einem Partnervorschlag zusammengelegt.

Aufgabenstellung: Bilden Sie zweiköpfige Teams und verdichten Sie Ihre beiden separaten Werteentwürfe zu einer gemeinsamen Pyramide.

Art der Aufgabe: Partnerarbeit
Zeitaufwand: 20 Minuten

Praktische Tipps zum besseren Gelingen:
Multiplizieren Sie sich! Treffen Sie sich nicht in der Mitte, handeln Sie auch keine Kompromisse aus, sondern entwickeln Sie aus der Vielzahl Ihrer Ideen etwas Neues und Starkes! Intensive Diskussionen und ein kontroverser Meinungsaustausch sind ausdrücklich erwünscht.

Die wichtigsten zehn Werte für Ihr Unternehmen:

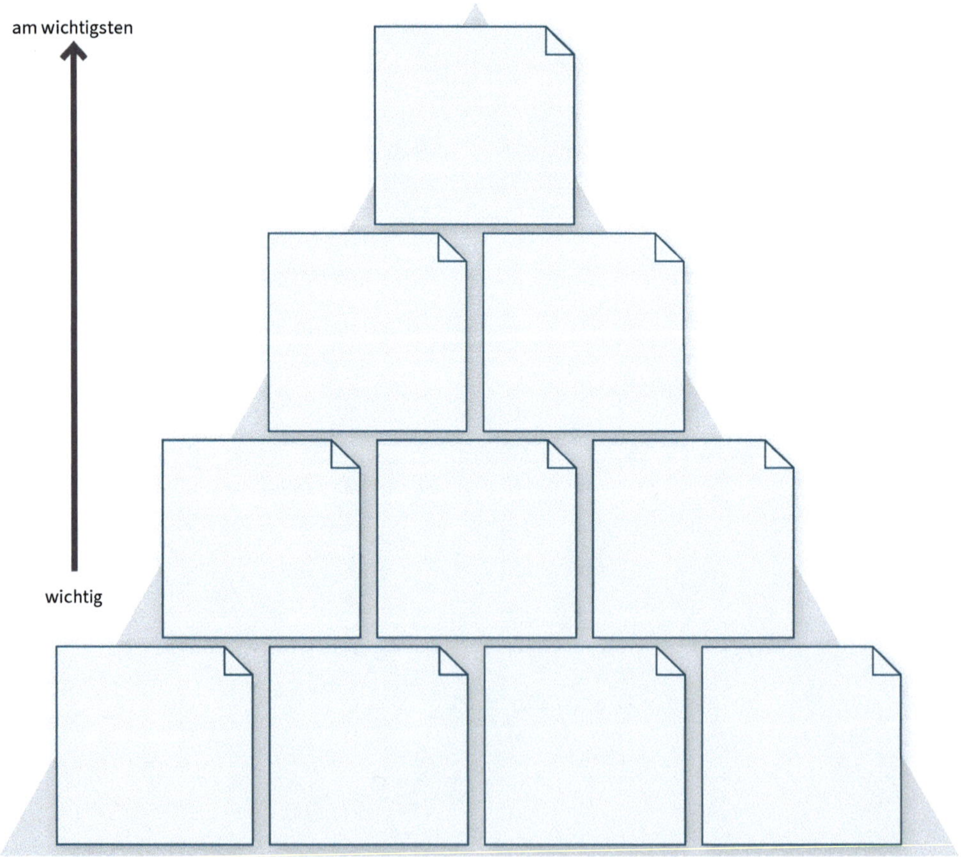

am wichtigsten

wichtig

5.5.2.4 Werteentwurf in der Vierergruppe

Vierergruppe

20 Minuten

Ziel: Ihre Werteentwürfe wurden durch Zusammenlegen von jeweils zwei Partnerarbeiten weiter verdichtet.

Aufgabenstellung: Bilden Sie Vierergruppen, womit Sie zwei Partnerentwürfe vorliegen haben. Verdichten Sie diese beiden Werteentwürfe zu einer gemeinsamen Pyramide.

Art der Aufgabe: Gruppenarbeit, vier Teilnehmer
Zeitaufwand: 20 Minuten

Die wichtigsten zehn Werte für Ihr Unternehmen:

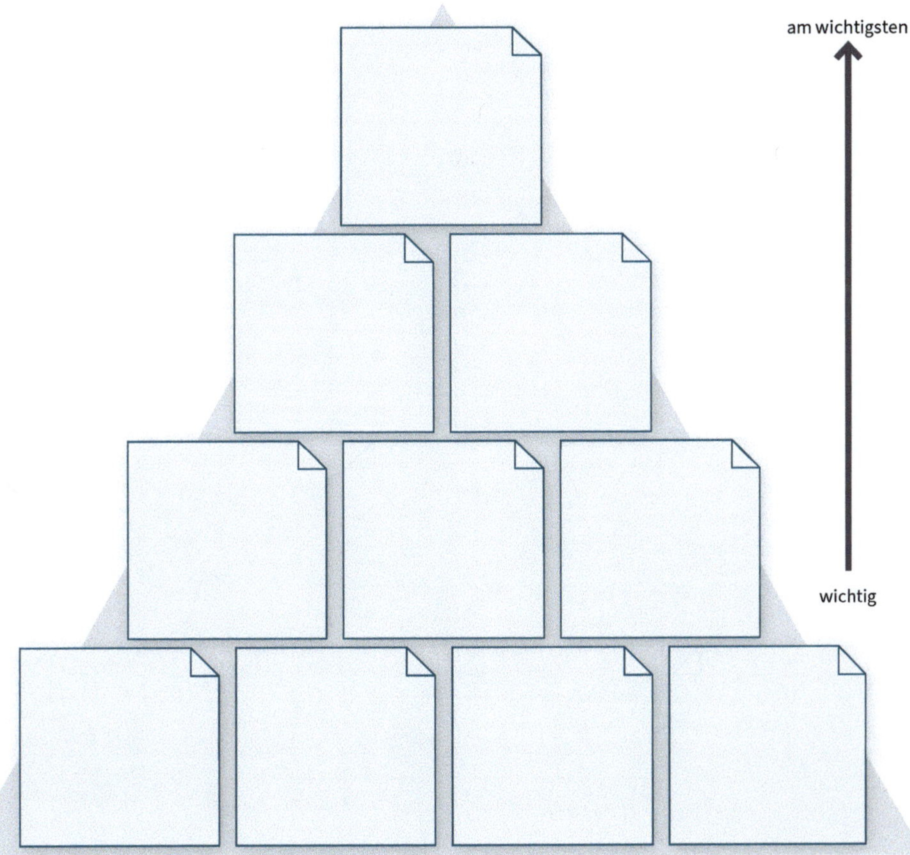

5.5.2.5 Werteentwurf in der Sechsergruppe

Sechsergruppe

20 Minuten

Ziel: Ihre Werteentwürfe wurden durch Zusammenlegen von jeweils zwei Vierergruppen-Arbeiten weiter verdichtet.

Aufgabenstellung: Bilden Sie Sechsergruppen, womit Sie erneut zwei Entwürfe vorliegen haben, die Sie zu Ihrer nächsten gemeinsamen Pyramide zusammenführen.

Art der Aufgabe: Gruppenarbeit, sechs Teilnehmer
Zeitaufwand: 20 Minuten

Die wichtigsten zehn Werte für Ihr Unternehmen:

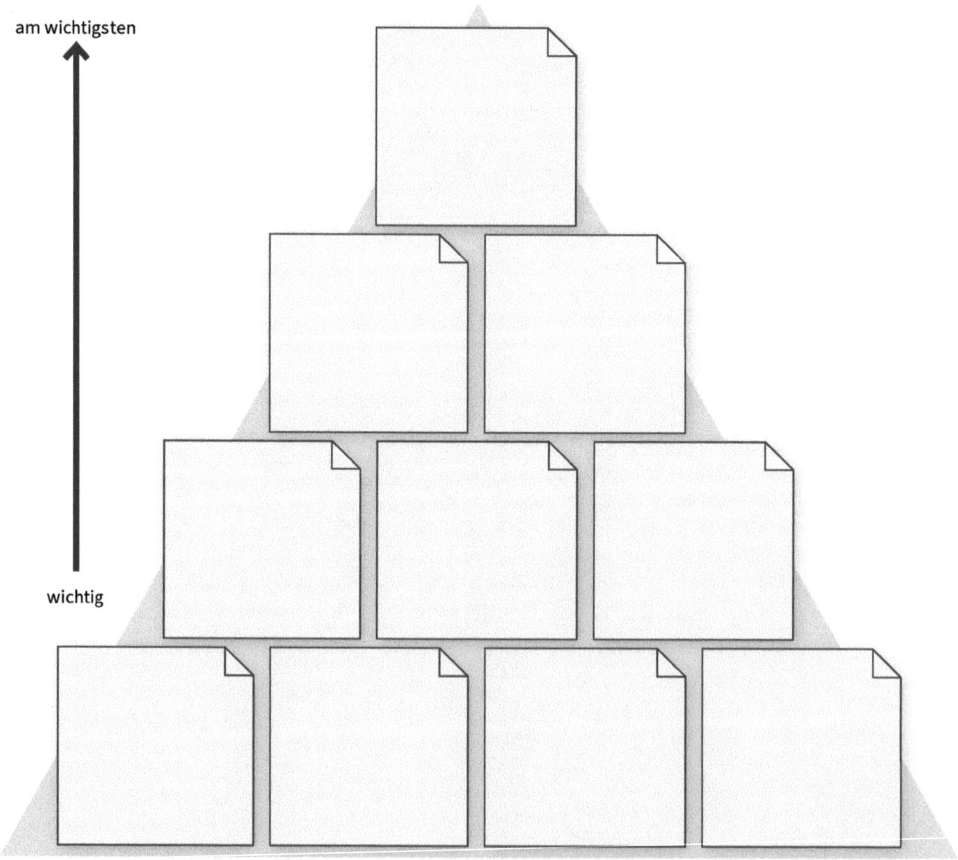

am wichtigsten

wichtig

5.5.2.6 Werteentwurf in der Gesamtgruppe

alle

20 Minuten

Ziel: Ein vorläufiger Werteentwurf der Gesamtgruppe liegt vor.

Aufgabenstellung: Alle Teilnehmer gemeinsam verdichten die vorliegenden Werteentwürfe der Sechsergruppen zu einer finalen Pyramide.

Art der Aufgabe: Gruppenarbeit, alle Teilnehmer
Zeitaufwand: 20 Minuten

Die wichtigsten zehn Werte für Ihr Unternehmen:

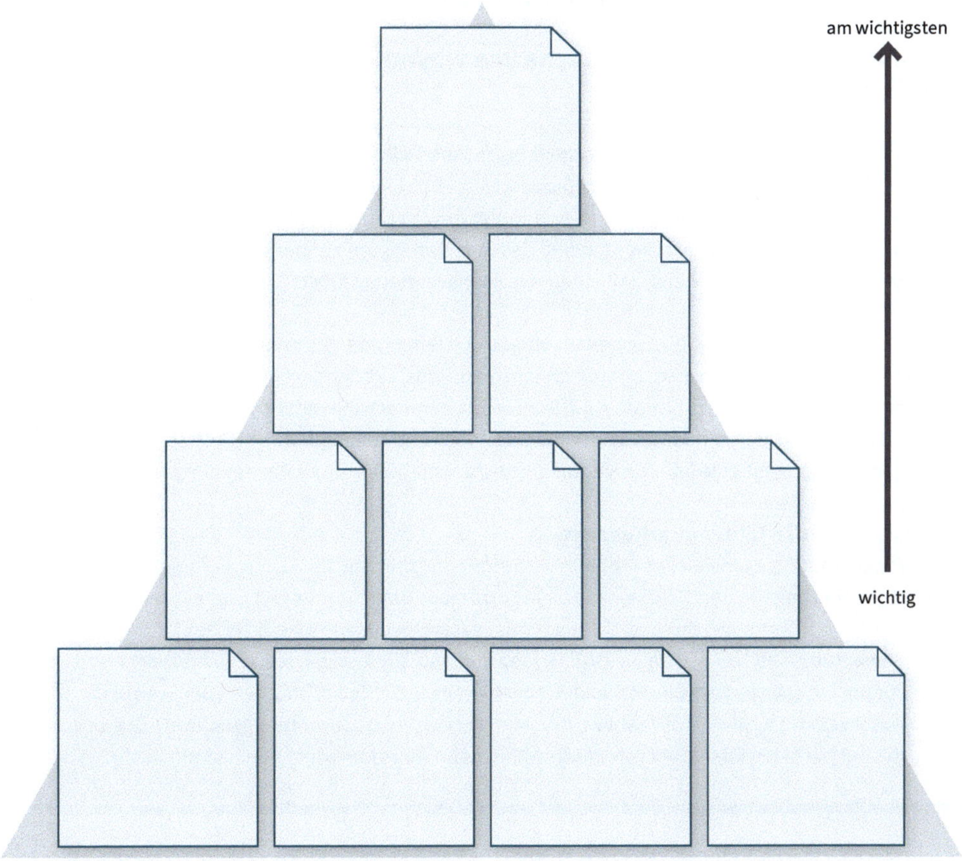

am wichtigsten

wichtig

5.5.3 Erfüllungskriterien

alle

60 Minuten

Ziel: Ein gemeinsames Verständnis für jeden der zuletzt aufgeführten Unternehmenswerte wurde geschaffen.

Aufgabenstellung: Diskutieren Sie in der Gesamtgruppe für jeden ermittelten Wert folgende Fragen und notieren Sie Ihren erzielten Konsens:

1. Wann ist der Wert erfüllt?
2. Welche Anzeichen konnten Sie dafür feststellen?

Art der Aufgabe: Gruppenarbeit, alle Teilnehmer
Zeitaufwand: 60 Minuten

Exkurs: Konsens – die einheitliche und einvernehmliche Entscheidung in der Gruppe

Entscheidungen im Konsens sind Entscheidungen innerhalb einer Gruppe, die das Einverständnis aller Teilnehmerinnen und Teilnehmer voraussetzen – ohne jede Gegenstimme. Bis es dazu kommt, bedarf es allerdings einer langwierigen und zeitintensiven Diskussion. Denn zum Konsens gehört, dass alle Meinungen eingeholt werden und dass alle Beteiligten aufmerksam zuhören, was in den meisten Fällen zu einer leidenschaftlichen Auseinandersetzung führt.

Die Basis für den Konsens bilden gegenseitiges Verstehen und das Erkennen der gemeinsamen Zielsetzung – die wesentlichen Zutaten für einen Konsens. Letztendlich müssen persönliche Interessen aus dem Weg geräumt werden. Ein Konsens ist demnach nur möglich, wenn der ausgewählte Vorschlag ohne Widerstand von allen Teilnehmerinnen und Teilnehmern akzeptiert wird. Das Konsensprinzip ist damit eine Alternative zum Prinzip der mehrheitlichen Abstimmung.

Diese vier Stufen führen zum Konsens:
1. **Fragestellung** – für welches Problem wird eine einvernehmliche Lösung gesucht?
2. **Ideenfindung** – in der Kreativphase oft in Form eines Brainstormings; Lösungsvorschläge werden unkommentiert und gleichberechtigt gesammelt, denn alles ist erlaubt.
3. **Bewertung** – ab hier setzen die Diskussionen und Abstimmungen ein. Idealerweise kommt eine Matrix zum Einsatz, in der 1 bis 10 Punkte zur Bewertung vergeben werden.
4. **Auswertung** – die Punktzahlen der Matrix werden zusammengerechnet. Die Lösung mit der höchsten Punktzahl wird ausgewählt, denn sie kommt dem Konsens am nächsten.

Die Erfüllungskriterien zu den ausgewählten Werten 1 bis 4

1. Wert	Erfüllungskriterien

2. Wert	Erfüllungskriterien

3. Wert	Erfüllungskriterien

4. Wert	Erfüllungskriterien

Die Erfüllungskriterien zu den ausgewählten Werten 5 bis 8

5. Wert	Erfüllungskriterien

6. Wert	Erfüllungskriterien

7. Wert	Erfüllungskriterien

8. Wert	Erfüllungskriterien

Die Erfüllungskriterien zu den ausgewählten Werten 9 bis 10

9. Wert	Erfüllungskriterien
	____________________
	____________________
	____________________
	____________________

10. Wert	Erfüllungskriterien
	____________________
	____________________
	____________________
	____________________

5.6 Die grüne Seite – Ihr Werterahmen liegt vor

Sie haben eine weitere Etappe – ein gelegentlich beschwerliches Wegstück – mit Bravour bewältigt. Nun haben Sie sich eine Ruhepause und den Blick von oben redlich verdient.

Wir bitten auch hier, dass die Beteilgten das erreichte Ergebnis durch ihre Unterschrift bestätigen.

Wir gratulieren Ihnen zu diesem Erfolg, freuen uns, dass Sie so fleißig mitmachen, und bedanken uns für Ihren Einsatz.

Nur wo du zu Fuß warst, bist du wirklich gewesen.

Johann Wolfgang von Goethe

Die grüne Seite – der Werterahmen Ihres Unternehmens:

Unterschrift aller beteiligten Wertschöpfer

Mit der Entwicklung der Vision und der Erarbeitung der Werte haben Sie wichtige Etappen auf dem Weg zum Gipfel gemeistert. In diesem Kapitel beschäftigen wir uns mit der Mission – einer aktuellen Unternehmensbotschaft, die sich vor allem an die Kundschaft richtet, aber auch nach innen wirkt.

6. Die Mission – das ist Ihr Unternehmen und das leistet es für Ihre Kunden

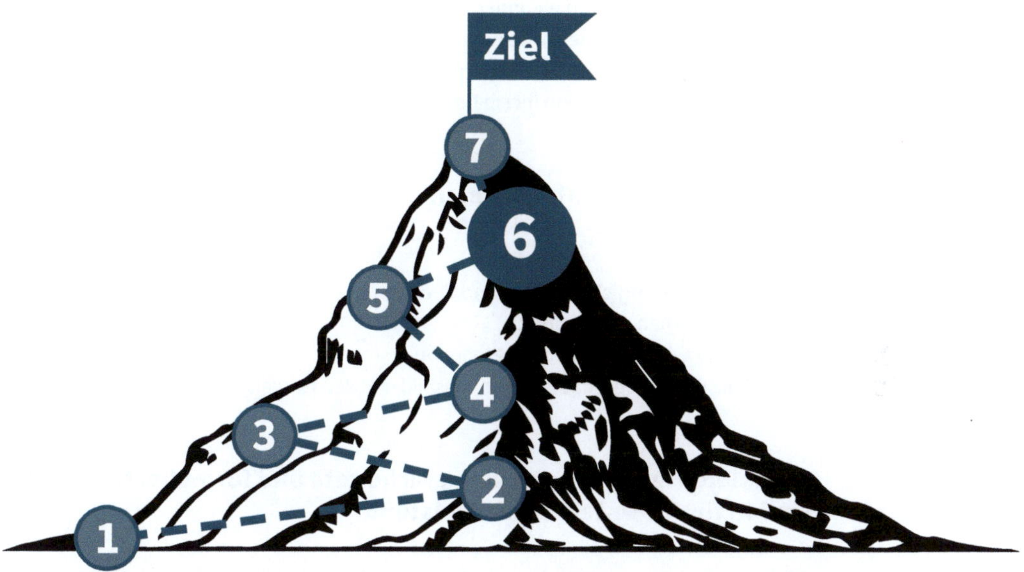

6.1 Standortbestimmung in Ihrem Leitbildprozess

6.2 Definition
6.3 Nutzen für Ihr Unternehmen
6.4 Einleitung
6.5 Workshop – gemeinsame Entwicklung Ihrer Mission
  6.5.1 Voraussetzungen schaffen
  6.5.2 Welche Kunden bringen den meisten Umsatz?
  6.5.3 Wofür steht Ihr Unternehmen?
  6.5.4 Missionsformulierung
  6.5.5 Freigabe der Mission
6.6 Die grüne Seite: Ihre Unternehmensmission liegt vor

6.2 Definition

Die Mission

- beantwortet die Frage: Wozu ist Ihr Unternehmen hier?
- enthält die wichtigsten Tätigkeitsbereiche, Kernkompetenzen, sowie den Mehrwert für die Kunden;
- richtet sich in erster Linie an die Kundschaft, die dadurch bestätigt wird und sich leichter mit dem Unternehmen identifiziert;
- erklärt, was die Kunden von Ihrem Unternehmen erwarten können.

6.3 Nutzen für Ihr Unternehmen

Die Mission

- enthält den wesentlichen Zweck und den Auftrag, den das Unternehmen verfolgt;
- ist so etwas wie eine Aufgabenbeschreibung;
- beeinflusst das Image, das Erscheinungsbild und den Markenauftritt Ihrer Firma.

6.4 Einleitung – was kann eine erarbeitete und formulierte Mission für Ihr Unternehmen leisten?

Jedes Unternehmen, ob groß oder klein und unabhängig von Rechtsform und Branche, wird nur dann den gewünschten Erfolg haben, wenn es über eine glaubwürdige und realistische Mission verfügt. Denn die Mission drückt klipp und klar aus, warum diese Organisation existiert und was das Unternehmen für seine Kunden, Eigentümer, Mitarbeiter und Geschäftspartner erreichen will.

So kommen Sie zu einer wirkungsvollen Mission

Kunden werden erst dann zu Stammkunden, wenn sie sich absolut sicher sind. Die Entscheidung für ein bestimmtes Unternehmen wird erst dann fallen, wenn Ihre Kunden ganz genau wissen, was sie erwartet. Will ein Unternehmen mit seinen Angeboten Erfolg haben, muss es ihm gelingen, seine potenziellen Kunden sowohl von seinen Leistungen als auch von seinem Verhalten und seiner Kommunikation zu überzeugen: mit sachlich-vernünftigen Argumenten, aber auch mit Einfallsreichtum und Sympathie. Genau das ist die Aufgabe der Mission: Sie kommuniziert, was der Kunde erwarten darf, zeigt auf, wie das Unternehmen gesehen werden will, und greift Werte und Eigenschaften auf, die für Kunden und andere Interessengruppen wichtig sind.

Optimal ist die Situation für alle Beteiligten, wenn es zu einer Übereinstimmung zwischen dem Zweck der Existenz des Unternehmens und den Wünschen und Erwartungen der Kundschaft kommt. Trifft diese Situation zu, fällt es den angesprochenen Zielgruppen leicht, der Botschaft der Mission zuzustimmen und sich mit dem Unternehmen zu identifizieren. Das Unternehmen selbst profitiert bei dieser Übereinstimmung von einer leicht und mühelos dazugewonnenen, neuen Kundengruppe – was aber nur funktioniert, wenn die Kunden die ausgelobte Mission tatsächlich real erleben können.

Obwohl die Mission in ihrer Hauptaufgabe zur Überzeugung der Kunden gedacht ist, hat sie auch nach innen eine klare Funktion: Sie macht klipp und klar deutlich, wofür gearbeitet wird, und wirkt dadurch handlungsleitend und orientierunggebend auf die gesamte Mitarbeiterschaft.

Eine Mission könnte enthalten:

- Was darf der Kunde erwarten?
- Welche konkreten Leistungen zeichnet Ihr Unternehmen aus?
- Wie wird die Arbeit ausgeführt? *(Anspruch? Qualität? Service?)*
- Warum sollen Ihnen die Kunden vertrauen und Ihnen ihre Loyalität und Treue schenken?

Missionsbeispiele aus der aktuellen Marketingrealität

Das alles liest sich in der Theorie vielleicht ein wenig umständlich. Deshalb zur Verdeutlichung ein paar Beispiele aus der realen und aktuellen Marketingpraxis. Wir haben für Sie die Missionen bekannter Unternehmen aufgelistet. Bitte vergleichen Sie selbst, ob die Aussage und das Bild, das Sie vom jeweiligen Unternehmen im Kopf haben, übereinstimmen:

IKEA: IKEA bietet ein breites Sortiment formschöner und funktionsgerechter Einrichtungsgegenstände zu Preisen an, die so günstig sind, dass möglichst viele Menschen sich diese leisten können.

STARBUCKS: Wir möchten Menschen in jeder Umgebung inspirieren und fördern – Tasse für Tasse, Kaffeetrinker für Kaffeetrinker.

H&M: Unsere Mission ist es, dass alle unsere Handlungen wirtschaftlich, sozial nachhaltig und umweltfreundlich ausgeführt werden.

Apple: Wir entwerfen die besten PCs der Welt, führen die Revolution der digitalen Musik an, haben das Mobiltelefon neu erfunden und definieren die Zukunft von mobilen Medien und EDV-Geräten.

Google: Googles Mission ist es, Informationen zu organisieren und weltweit zugänglich zu machen.

Patagonia: Stelle das beste Produkt her, belaste die Umwelt so wenig wie möglich, inspiriere andere Firmen, diesem Beispiel zu folgen und Lösungen zur aktuellen Umweltkrise zu finden.

McDonald's: Unsere Mission ist es, für unsere Kunden der Ort zu sein, wo sie am liebsten essen und trinken. Wir haben uns einer ständige Verbesserung unserer Arbeitsweise verpflichtet und möchten die Erfahrungen unserer Kunden bereichern.

Unicef: Wir sind die treibende Kraft, wenn es darum geht, eine Welt zu schaffen, in der die Rechte eines jeden Kindes verwirklicht sind.

Ben & Jerry's: Ben & Jerry's engagiert sich für ein nachhaltiges Unternehmenskonzept, das die Idee eines ganzheitlichen Wohlstandes verfolgt. Wir setzen auf faire Produkte, verantwortliches, wirtschaftliches Handeln und soziales Engagement für die Gesellschaft.

American Express: Wir arbeiten jeden Tag hart daran, American Express zur weltweit angesehensten Servicemarke zu machen.

Sie sehen: Jedes der aufgeführten Unternehmen erklärt mit wenigen Worten, wofür es steht, welche Ansprüche es hat und was die Kunden erwarten können. Die Mission argumentiert den Beitrag, den das Unternehmen für seine Kunden, Zielgruppen oder die Gesellschaft insgesamt zu leisten vermag. Auch die Tätigkeitsbereiche sind klar abgesteckt. Die Ziele, der Zweck und die Werte der Organisation bilden die Kernaussagen. Sie sollen Aufmerksamkeit und Interesse auf sich ziehen sowie Zustimmung und im Idealfall sogar Begeisterung für das Angebot auslösen.

Eine Mission sollte exakt und zutreffend ausgedrückt sein, jedoch ganz bewusst nicht zu sehr einengen. Denn jedes Unternehmen benötigt ein wenig Spielraum, um sich zukünftige Entwicklungsmöglichkeiten nicht selbst zu verbauen.

Ein Beispiel für eine solche Veränderung der Mission: Um offen für die Zukunft zu sein, hat der Autohersteller Tesla seine ursprüngliche Aussage geändert. Alte Missionsversion: »Wir wollen den weltweiten Wandel zu nachhaltigem Verkehr beschleunigen.« Die neue Fassung lautet: »Wir wollen den weltweiten Wandel zu nachhaltiger Energie beschleunigen.«

Missionsziel: Die richtigen Leute mit den richtigen Worten erreichen

Jetzt könnte ein kritischer Beobachter einwerfen, dass sich doch längst nicht alle Kunden für den Zweck, speziell Ihres Unternehmens, interessieren. Verliert die sorgfältig ausgearbeitet Mission dadurch nicht enorm an Wert?

Dazu stellen wir klar, dass es unmöglich ist, die Zielgruppe »Alle« zu erreichen. Das schafft kein Unternehmen auf der Welt und das muss auch gar nicht sein. Es genügt voll und ganz, wenn die von Ihnen ausgewählte Kundengruppe zufrieden und begeistert ist, Ihrem Unternehmen vertraut und ihm die Treue hält.

Die größte Weisheit ist nutzlos, wenn man sie nicht zur Grundlage von Handlungen und Verhaltensweisen macht.

Peter F. Drucker

Hat aber nicht jedes gegründete Unternehmen das Ziel, erfolgreich zu sein, Umsatz zu machen und Geld zu verdienen? Da die Mission ehrlich und glaubwürdig sein soll – gehört dann dieser Anspruch nicht auch in die Formulierung? Die Antwort auf diese *(verständliche)* Frage ist ein klares Nein.

Die zentrale Aufgabe eines Unternehmens ist, nach dem amerikanischem Vordenker Peter F. Drucker, immer mit der Frage nach dem gesellschaftlichem Nutzen verbunden. Geldverdienen ist demnach nicht der Zweck, sondern die Folge unternehmerischer Leistung. Unternehmen brauchen Kunden, die dem Zweck des Unternehmens zustimmen, damit die Organisation Erfolg hat und weiter bestehen kann.

Hinweis »Golden Circle«

Zu diesem wichtigen Thema empfehlen wir Ihnen, ein weiteres Mal auf den »Golden Circle« nach Simon Sinek *(Kapitel 4.4)* zurückzugreifen.

Die vereinfachte, bildliche Darstellung verdeutlicht auf einen Blick, dass es beim Warum Ihrer Organisation nicht ums Geldverdienen geht, sondern dass dies das Ergebnis Ihres unternehmerischen Engagements darstellt.

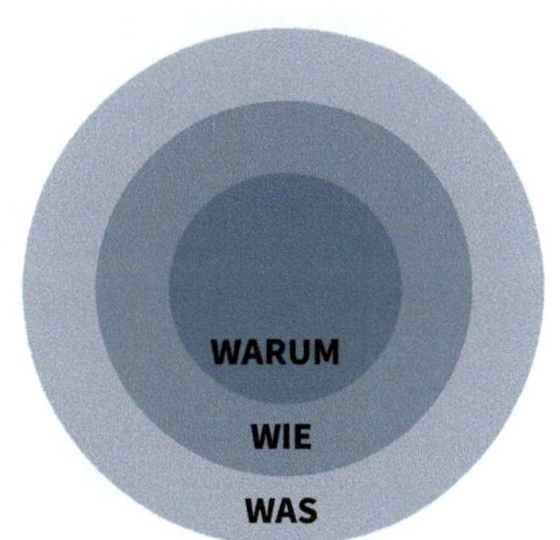

Bleiben Sie authentisch!
Vermeiden Sie Unwahrheiten und Übertreibungen!

Es sind Missionen im Umlauf, die so formuliert sind, dass sie einen negativen Inhalt transportieren – indem sie z. B. die Konkurrenz schlechtmachen oder attackieren. Ein solches Vorgehen ist jedoch weder sinnvoll noch wertschätzend und passt nicht zu einem souverän agierenden Unternehmen. Es ist sehr viel überzeugender, selbstbewusst aufzutreten und dem eigenen Weg zu folgen.

Auch vielfach strapazierte Phrasen wie »Zufriedene Kunden sind unser Ziel« enthalten keinerlei Botschaften über das Wie oder die tatsächlichen Leistungen der Organisation.

Als Gründer und Geschäftsführer blickt man oftmals gern und voller Stolz auf das, was man in langen Jahren mühevoll geschaffen und aufgebaut hat. Das kann dazu führen, dass der Inhaber seine Organisation und deren Leistungen zu sehr aus seiner Sicht beurteilt und übertrieben positiv darstellt – was für die Zielsetzung der Mission sehr gefährlich ist. Bei diesem so wichtigen Statement darf es sich weder um eine persönliche Meinung noch um ein flüchtiges Lippenbekenntnis handeln. Ihre Botschaft sollte unbedingt die vorhandene Situation widerspiegeln und der realen und nachvollziehbaren Wahrheit entsprechen.

Also bitte Vorsicht mit Behauptungen wie »Wir sind bekannt für freundlichen Service«, wenn im täglichen Ablauf schlecht gelaunte Mitarbeiter diesen Anspruch nicht erfüllen können.

Mission – ihre Wirkung nach innen

Die Mission vermittelt den Mitarbeiterinnen und Mitarbeitern die Ziele, Leistungen und den Nutzen des Unternehmens. In ein, zwei oder drei Sätzen, die auch emotional geprägt sein können, fasst die Mission die Grundsätze und Ziele des Unternehmens im Umgang mit seinen Kunden zusammen.

Die Bedeutung der Mission für die Mitarbeiter

Die Mission gibt Rahmen und Orientierung für jedwedes Handeln im Unternehmen in Bezug auf die Kunden vor. Die Botschaft einer Mission kann dann als gelungen bezeichnet werden, wenn die Mitarbeiter die Möglichkeit haben, sie in ihrem täglichen Arbeitsablauf eigenverantwortlich und selbstständig umzusetzen. Unaufgefordert bringen sie dann ihr Potenzial, ihre Fähigkeiten und Talente ein – auch weil sie nicht durch eine zentrale Führung gebremst werden. Nur so wird die in der Theorie entstandene Mission zu einer gelebten Identität des Unternehmens.

Mission – ihre Wirkung nach außen

Ihre eigentliche Bedeutung aber hat die Mission im Hinblick auf Öffentlichkeit und Kunden. Eine authentisch und realtätsnah formulierte Mission greift die vorhandenen Werte und Ansprüche auf und vermittelt sie der Kundschaft.

Die Mission informiert die Kundinnen und Kunden, wofür das Unternehmen steht und welchen Sinn, welchen Zweck und welche Berechtigung es mitbringt. Sie erklärt, welche Ziele gesetzt wurden, auf welchem Qualitätsniveau das Unternehmen agiert und wie diese Ergebnisse erreicht werden.

Mithilfe der Mission können Kundinnen und Kunden sich ihr eigenes Bild vom jeweiligen Unternehmen machen und für sich selbst entscheiden, ob Ihre Organisation ihr Vertrauen und ihre Loyalität verdient.

Mit Markendenken und Markenverhalten Kunden gewinnen

Marken stehen nach wie vor für Qualität. Das bedeutet, dass die Kunden sich darauf verlassen können, dass ein Markenprodukt in seiner Qualität nicht schwankt, sondern stets ein gleichbleibend hohes Niveau einhält. Dieses Wissen schafft Vertrauen und führt zur Treue der Kunden: Wer von einer Marke überzeugt ist, der vertraut ihr oft über eine lange Zeit und wird so schnell nicht wechseln.

Eine Marke zeichnet sich auch dadurch aus, dass ihr Auftritt und ihr Erscheinungsbild in den Medien konsequent eingehalten wird. Dafür verantwortlich zeichnen die hausinternen Marketingabteilungen.

Die Konsequenz geht so weit, dass Unternehmen wie beispielsweise Mercedes-Benz oder Audi eigene Schriften für die Gestaltung ihrer Werbung entwickelt haben. Weitere Designregeln werden immer und überall eingehalten: Die Logos haben stets dieselbe Größe und finden sich immer an derselben Stelle. Slogans erscheinen einheitlich und durchgängig in allen Medien. Die Bildsprache bei sämtlichen Automobilherstellern ist z. B. so gehalten, dass die abgebildeten Fahrzeuge nicht mit den Autos konkurrierender Hersteller verwechselt werden können.

Der Hintergrund für dieses Verhalten liegt auf der Hand: Jedes Mal, wenn die Zielgruppe auf Werbung des Unternehmens trifft, soll sie ausschließlich an den Absender dieser Werbebotschaft erinnert werden – und nicht an die Fahrzeuge der Konkurrenz.

Ein zweiter gewichtiger Grund für einheitliches Auftreten in der Werbung: Auch wenn die Werbebotschaften nicht komplett gelesen, also nur Bild und Corporate-Design-Elemente registriert werden, wird der Betrachter kurz und oftmals unbewusst an die Produkte des Unternehmens erinnert.

Auch wenn Ihr Unternehmen weder die Größe noch die Mittel eines Markenkonzerns mitbringt, finden Sie in Auftritt und Kommunikation einiges, was Sie zum eigenen Vorteil übernehmen können. Denn eine Marke beginnt dort, wo das Leistungsangebot kommuniziert und von der Kundschaft wahrgenommen wird. Ein kluger Unternehmer wird sich entscheiden, den Eindruck seiner Marke nicht dem Zufall zu überlassen, sondern bewusst zu steuern – das ist keine Frage des Budgets, sondern der Einstellung.

Die »Brand Character«-Strategie

Die international agierende Werbeagentur Grey Advertising orientiert sich an dem intern entwickelten Modell »Brand Character«. Dahinter steht dieses klare und unverkennbare Denkmodell: Eine beliebte und bestens bekannte Persönlichkeit erkennen wir auf einen Blick an typischen und unverwechselbaren Merkmalen: an der Körperhaltung, der Kleidung, an Auftritt, Bewegung und wie sie sich verhält, ausdrückt und spricht.

Bei einer Markenpersönlichkeit ist das nicht viel anders. Das können Sie leicht nachvollziehen. Wenn Sie, sagen wir mal, eine Wanderung durch die Wüste Sahara machen und dort im Sand eine Flasche mit dem Etikett einer Ihnen bekannten Biermarke finden, dann haben Sie das Gefühl, in dieser Fremde einem guten alten Bekannten zu begegnen.

Gerade kleinere Unternehmen, die kein großes Budget haben und deshalb nicht so oft von ihren Kunden gesehen werden, sollten sich wie eine Marke verhalten: Der exakt gleichbleibende Auftritt erhöht enorm die Chancen, bemerkt und erinnert zu werden. Einen einmal festgelegten Auftritt konsequent beizubehalten ist doch eigentlich auch viel einfacher, als sich immer wieder etwas Neues zu überlegen.

Mission – ein Fazit

Vision und Mission liegen dicht beieinander und werden oft in einem Atemzug genannt. Das ist aber nicht richtig. Die Vision beschreibt die Zukunft des Unternehmens. Die Mission dagegen ist sehr viel greifbarer, sie ist handfest und auf alle Fälle realistischer, weil sie einprägsam und unmissverständlich den Zweck und die Daseinsberechtigung Ihres Unternehmens deutlich macht.

Bei der Formulierung der Mission sollten vor allem Glaubwürdigkeit und Ehrlichkeit im Vordergrund stehen. Schließlich soll die Mission das Unternehmen wahrhaftig und realistisch widerspiegeln. Wer kennt die Organisation mit all ihren Facetten und Gewohnheiten sowie das Verhalten der Mitarbeiter untereinander? Wer weiß, wie tatsächlich gearbeitet wird und wer muss mit den aktuellen Stimmungen und Strömungen tagtäglich klarkommen? Genau, das sind die Mitarbeiter.

Ihre Einbeziehung und Mitwirkung bei der Ausarbeitung der Mission ist deshalb gerade in puncto Glaubwürdigkeit unerlässlich.

Die wesentlichen Voraussetzungen für den Erfolg einer Mission sind,

- ✓ dass die Mitarbeiter an der Entwicklung der Mission beteiligt sind;
- ✓ dass die Mission im Unternehmen präsent ist und immer wieder kommuniziert wird;

- ✓ dass das Versprechen an die Kunden jeden Tag vorgelebt wird;
- ✓ dass die gesetzten Ziele und das tägliche Verhalten im Unternehmen übereinstimmen;

Hilfestellung auf dem Weg zur Mission leisten idealerweise Ihre Kundinnen und Kunden. Sie sind es schließlich, die Sie mit Ihrer Mission gewinnen und binden wollen. Klar, dass die Kundenmeinungen und -wünsche bei der Formulierung der Mission einen besonderen Stellenwert haben.

Die Einschätzungen der Kunden zum Unternehmen können sich beträchtlich vom eigenen Selbstverständnis unterscheiden. Deshalb empfiehlt es sich, sehr genau darauf zu achten, was Ihre Kunden zu sagen haben.

Beachten Sie bei all diesen Überlegungen unbedingt, dass es in der Mission nicht darum geht, das Wunsch- oder Idealbild der Kunden in Worte zu fassen. Es kommt vielmehr darauf an, Ihre zukünftige Aussage aus der Wirklichkeit des Unternehmens abzuleiten. Eine authentisch erarbeitete Mission ist kein abstrakter Leitsatz, sondern ein glaubwürdiges, nachvollziehbares Versprechen mit direktem Bezug zum aktuellen Alltag des Unternehmens.

Fest steht, dass es nach Ansicht der Managementexperten Collins und Porras keinen richtigen oder falschen Wesenskern eines Unternehmens gibt. Nach diesen beiden Experten kommt es eigentlich nur darauf an, die korrekte eigene »Core Ideology« zu treffen – also das herauszufinden, was Ihr Unternehmen ausmacht. Niemand kann Ihre individuelle Unternehmensmission wirkungsvoller, authentischer und glaubwürdiger erarbeiten als Sie selbst!

Allerdings wird eine Mission, die von oben ins Unternehmen »hineingedrückt« wird, ihren Zweck nicht erfüllen und ist deshalb als sinnlos zu bezeichnen. Die Einbeziehung und Mitwirkung der Mitarbeiterinnen und Mitarbeiter und die Berücksichtigung ihrer Ansichten und Denkweisen bereichern hingegen den Entwicklungsprozess. Mit einer abschließend seriös inszenierten Präsentation und einer gelungenen Integration haben Sie ausgezeichnete Chancen, Ihr Vorhaben umzusetzen und die formulierten Ziele zu erreichen.

Die wichtigsten Merkmale einer gelungen Mission

- ✓ Im Mittelpunkt steht der Zweck der Organisation.
- ✓ Es werden konkrete Ziele beschrieben.
- ✓ Die Mission entspricht der tatsächlichen Unternehmenskultur.
- ✓ Die Mission ist kurz und leicht verständlich formuliert.
- ✓ Es werden konkrete Leitlinien vermittelt und Phrasen vermieden.
- ✓ Die allgemeine Ausrichtung ist optimistisch.
- ✓ Ihre Mission kann ohne Weiteres in der Wir-Form gehalten sein.

6.5 Workshop – gemeinsame Entwicklung Ihrer Mission Einleitung zu einer großen und großartigen Aufgabe

Folgen Sie diesen Schritten und Sie erreichen das Ziel, über Ihre eigene, der Wirklichkeit entsprechenden Mission zu verfügen:

6.5.1 Voraussetzung schaffen
6.5.2 Welche Kunden bringen den meisten Umsatz?
6.5.3 Wofür steht Ihr Unternehmen?
6.5.4 Missionsformulierung
6.5.5 Freigabe der Mission
6.5.6 Die grüne Seite: unsere Mission

Sie werden einige intensive und arbeitsreiche Tage damit verbringen, die Grundlagen für die Formulierung Ihrer Unternehmensmission zu recherchieren. Das Endergebnis wird jedoch nur aus einer Essenz, aus einigen wenigen Sätze bestehen, die von der gesamten, mühsam von Ihnen geleisteten Arbeit übrigbleibt. Sie können sogar davon ausgehen: Je kürzer und knapper das gefundene Ergebnis ausfällt, desto mehr Schweiß und Herzblut hat es gekostet.

Beim Brainstorming sollten Sie ganz offen sein und auch ungewöhnliche oder verrückte Meinungen gelten lassen. Es geht ja bei der Recherche nicht darum, Entscheidungen zu treffen, sondern Meinungen und Stimmungen einzuholen. Und schon oft sind beim Herumalbern gute und treffende Ideen entstanden. Bildhafte und überstrapazierte Wörter sollten Sie vermeiden. Phrasen und Allgemeinplätze gehören ebenfalls nicht in Ihre zukünftige Mission.

Unser Tipp: Konzentrieren Sie sich nicht so sehr auf Ihr Angebot, sondern überlegen Sie, welche Probleme Ihre Kunden beschäftigen und wie Sie diese lösen können. Weitere Denkansätze: Gehen Sie zurück zu den Anfängen und erinnern Sie sich an Ihre ursprüngliche Geschäftsidee – wie und aus welcher Motivation heraus ist Ihr Unternehmen entstanden und was ist aus der ursprünglichen Idee geworden?

Stellen Sie sich die kritische Frage: Was können Sie besser als die Konkurrenz? Ihnen ist bekannt, dass Ihre Kunden vergleichen. Warum sollten sie sich für die Angebote Ihrer Firma entscheiden? Versetzen Sie sich in die Köpfe Ihrer Kunden und fragen Sie sich: Würde ich bei diesem Unternehmen Kunde sein wollen?

6.5.1 Voraussetzungen schaffen

Damit alle am Workshop Beteiligten über ein einheitliches Basiswissen verfügen, ist die Geschäftsführung gut beraten, vor Beginn des Workshops die zentrale Frage zu klären: Wie kann den Teilnehmern der Zugang zu den für die Aufgaben auf den folgenden Seiten erforderlichen Kennzahlen sichergestellt werden?

Hintergrund: Teilnehmer, die unvorbereitet oder mit zu wenig Sachkenntnis in den Missionsworkshop gehen, sind nicht in der Lage, einen konstruktiven Beitrag zu leisten. Je besser die einzelnen Workshopteilnehmer informiert sind, je mehr Detailwissen sie über Ihr Unternehmen, dessen Kunden, Produkte und Leistungen mitbringen, desto effizienter wird Ihr jeweiliger Workshopbeitrag ausfallen.

Damit Ihr Workshop das gewünschte, optimale Ergebnis erzielt, sollten Sie Wert auf eine ebenso optimale Vorbereitung legen. Bedenken Sie bitte, dass die Resultate der Gruppenarbeit das Fundament für die gesamte Positionierung bilden.

Wichtige Anmerkung für den Moderator:
Stimmen Sie sich mit der entsprechenden Abteilung vorher ab, welche Kriterien der Kundenselektion *(siehe Aufgabe auf den folgenden Seiten)* in Ihrem Unternehmen verfügbar sind bzw. erarbeitet werden könnten.

6.5.2 Welche Kunden bringen den meisten Umsatz?

Ziel: Definieren Sie Ihre Top-Kunden.

Je besser ein Unternehmen seine Kunden kennt, desto genauer können Anfragen bearbeitet, Aufgaben erledigt, Wünsche und andere Erwartungen erfüllt werden. Mit einer Kundenwertanalyse erhalten Sie wichtige Informationen, die Ihnen auch nützlich sind, um z. B. die Verteilung von Ressourcen und Budgets zu kontrollieren.

Kundenmeinungen einholen und berücksichtigen

Um Kunden und Kundenbeziehungen zuverlässig zu bewerten, können Sie sich nicht allein auf Geschäftsabläufe und Umsätze verlassen. Um herauszubekommen, was der Kunde tatsächlich vom Unternehmen hält, spielt die Kommunikation eine entscheidende Rolle. Denn bei der Vermittlung von Informationen werden Dinge oft völlig anders aufgenommen, als sie eigentlich gemeint sind.

Unsere Kommunikation spielt sich auf zwei Ebenen ab. Auf der »Sachebene« findet die offene Begegnung statt. Es wird gesprochen, geantwortet, gedroht, geflüstert oder auch geschwiegen. Die Partner nehmen so viel vom Gespräch wahr, was ihnen möglich ist: Das sind in den meisten Fällen nicht mehr als 20 %. 80 % der Kommunikation spielen sich auf der sog. Beziehungsebene ab – vieles wird weder offen noch ehrlich ausgesprochen. Diese Gedanken, die auf Sigmund Freuds Theorien fußen, haben die Psychologen Floyd Ruch und Philip Zimbardo inspiriert, die Metapher vom Eisberg zu verwenden.

Exkurs: Das Eisbergmodell

Das Eisbergmodell gehört weltweit zu den wesentlichen Säulen der Kommunikationstheorie in der zwischenmenschlichen Verständigung. Jeder hat schon mal erlebt, dass Aussagen, Argumente oder Beschreibungen völlig anders aufgenommen werden, als sie gemeint sind. Das Eisbergmodell liefert die Erklärung dafür. Es geht davon aus, dass unsere zwischenmenschliche Kommunikation aus zwei recht unterschiedlichen Ebenen besteht. Wie bei einem Eisberg wird nur ein kleiner Teil der Botschaft – nämlich 20 % – direkt wahrgenommen. Auf dieser »Sachebene« sind vor allem sachliche Informationen enthalten: Zahlen, Daten und Fakten.

Der weitaus größere Teil – die restlichen 80 % – werden jedoch auf der *(quasi nicht sichtbaren)* »Beziehungsebene« vermittelt. Diese Informationen ergänzen die Argumente der Sachebene und beeinflussen so die Botschaft. Auf der Beziehungsebene geht es in erster Linie um Stimmungen, Gefühle und Wertvorstellungen.

Diese werden durch Mimik, Gestik, Tonfall und Lautstärke übertragen und haben einen enorm hohen Anteil an der gesamten Kommunikation. Weil diese Informationen vordergründig nicht sofort sichtbar sind, besteht ein hohes Risiko für Missverständnisse und Konflikte. Sobald es Störungen auf der Beziehungsebene gibt, wirken sich diese auch auf die Sachebene aus.

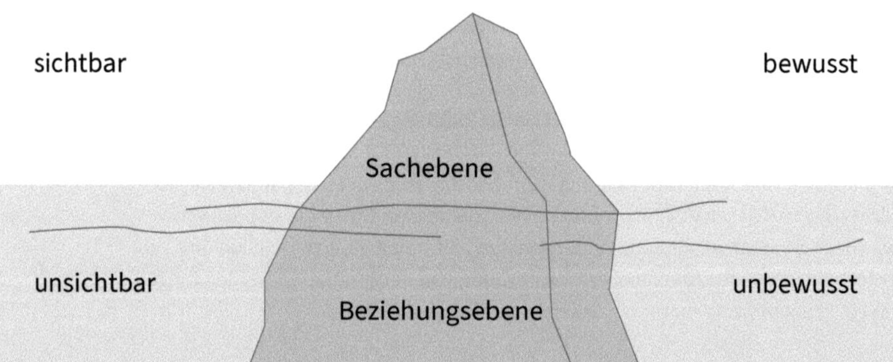

Dass es sich hierbei nicht um bloße Theorie, sondern um gelebte Praxis handelt, beweist Nobelpreisträger Ernest Hemingway und sein literarischer Stil. Hemingway war der Meinung, dass er nicht alle Details seiner Hauptfiguren beschreiben müsse. Es genüge, dass von den Figuren – wie bei einem Eisberg – ein kleiner Teil zu erkennen sei. Alles andere würde die Fantasie des Lesers ergänzen.

6.5.2.1 Kriterien der Kundenanalyse

alle

15 Minuten

Ziel: Die Analysekriterien sind festgelegt.

Aufgabenstellung: Führen Sie eine Expertendiskussion und definieren Sie die wichtigsten Kriterien für Ihre Kundenanalyse *(Hard Facts)*. Entwickeln Sie eine Tabelle.

Mögliche Kriterien Ihrer Analyse: Umsatz, Gewinn, Deckungsbeitrag, Dauer der Geschäftsbeziehung, Entfernung, Bestellfrequenz etc. Benennen Sie Ihre zwei bis vier Top-Kriterien, nach denen Sie Ihre A-, B- und C-Kunden unterscheiden wollen! Siehe dazu auch die folgenden Exkurse: Hard und Soft Facts und ABC-Analyse.

Art der Aufgabe: Gruppenarbeit
Zeitaufwand: 15 Minuten

Exkurs: Hard und Soft Facts

Um ein Unternehmen richtig einzuschätzen, genügt es nicht, sich die Umsätze, Umsatzsteigerungen und die Zahl der Mitarbeiter anzuschauen. Für einen vollständigen, wirklichkeitsnahen Eindruck sollten Sie sowohl die Hard Facts als auch die Soft Facts ermitteln und entsprechend einstufen. Bei den Hard Facts handelt es sich um quantitative, konkret fassbare Faktoren wie Branchenbeschreibung, Zahl der Mitarbeiter, Umsatz und Ertrag. Diese Angaben vermitteln einen Einblick in das Unternehmen, wie man ihn auch aus einer Bilanz entnehmen kann. Doch sie sagen wenig darüber aus, wie eine Firma »tickt«.

Um hierbei Klarheit zu gewinnen, sind Informationen erforderlich, die nicht immer an der Oberfläche zu finden sind.
Zum Beispiel:
- Von welchen Normen und Werten lassen sich die Mitarbeiter bei ihrer Arbeit leiten?
- Wie ausgeprägt ist der Teamgedanke?
- Wie gehen Mitarbeiter mit Kunden um?

Kurz: Es sind die Soft Facts, die die Kultur des Unternehmens beschreiben und ans Licht bringen.

A-Kunden-Analyse

Bitte füllen Sie die Tabellen aus, wie in Kapitel 6.5.2.1 beschrieben.

	Kunde 1, Kunde 2 …
1. Analyse-kriterium:	
2. Analyse-kriterium:	
3. Analyse-kriterium:	
4. Analyse-kriterium:	
5. Analyse-kriterium:	

	Kunde 1, Kunde 2 ...
6. Analyse-kriterium:	
7. Analyse-kriterium:	
8. Analyse-kriterium:	
9. Analyse-kriterium:	
10. Analyse-kriterium:	

Exkurs: ABC-Analyse
Wer sind unsere wichtigen und wer sind unsere unwichtigen Kunden?

Gordon Bethune, Inhaber der amerikanischen Fluglinie Continental Airlines, hat das in seinem Buch »From Worst to First« erklärt: »Wenn wir auf einen Kunden treffen, den wir nicht zufriedenstellen können, verhalten wir uns immer loyal zu unseren Angestellten. Die müssen sich jeden Tag mit solchen Situationen herumschlagen. Nur weil jemand ein Flugticket kauft, gibt ihm das noch lange nicht das Recht, unsere Angestellten zu beleidigen [...]«

Deshalb gilt es, wichtige von unwichtigen Kunden zu unterscheiden und nur die wertvollen Kunden zu unseren Königen zu machen. Aus unserer Beratungserfahrung wissen wir, dass leider viel zu wenige Unternehmen ihre Kunden systematisch, permanent und regelmäßig beurteilen. Dadurch wird häufig auf auf wesentliche Informationen verzichtet.

Die Aufgabe der Kundenqualifizierung *(auch: Kundenbewertung)* ist die Aufteilung des Kundenstammes nach Prioritäten – konkret in wichtige und unwichtige Kunden. Dazu werden die Kunden aus verschiedenen Blickwinkeln heraus auf ihre aktuelle und auch zukünftige Bedeutung für die Geschäftsentwicklung Ihres Unternehmens bewertet. Sie gewinnen einen Überblick in Form von Prioritäten und sind anschließend in der Lage, Kunden nach ihrer jeweiligen Bedeutung einzuordnen. Die ABC-Analyse ist eine bewährte Methode, um eine wirklichkeitstreue Einordnung Ihrer Kunden zu erreichen. Wie der Name schon sagt, werden die Kunden in A-, B- und C-Kunden eingeteilt.

Exkurs: ABC-Analyse
Beschreibung der vier Kundengruppen am Beispiel einer umsatzbezogenen Recherche

»Der Kunde hat immer recht« ist ein Slogan, der zu überdenken ist. Denn diese Einstellung kann vom Kunden missbraucht werden, um alles zu verlangen. Beurteilen Sie deshalb Ihre Kunden nach einem untrüglichen und realistischen Maßstab: den Umsätzen, die er mit Ihrem Unternehmen macht.

Der **A-Kunde** macht überdurchschnittliche Umsätze und besitzt ein Potenzial, mit dem das Unternehmen auch in Zukunft rechnen kann. In diese Kunden sollten Sie mit besonderen, ausgewählten Aktivitäten regelmäßig investieren, denn sie sind sehr wichtig. Mit ihnen erwirtschaften Sie ca. 80 % Ihres Umsatzes.

Der **B-Kunde** verfügt über ein großes Potenzial, macht bisher jedoch relativ wenig oder unregelmäßig Umsatz mit Ihrem Unternehmen. Diese Kunden sind wichtig für Sie und machen ca. 30 % Ihrer Kundschaft aus. Versuchen Sie, aus ihnen A-Kunden zu machen.

Der **C-Kunde** generiert derzeit keinerlei oder nur sehr geringe Umsätze bei Ihnen und verfügt auch nicht über besonderes Potenzial. Hier sollten Sie von Fall zu Fall überlegen, wie rentabel ein weiteres Investment ist. Sie haben ca. 50 % C-Kunden in Ihrem Kundenportfolio.

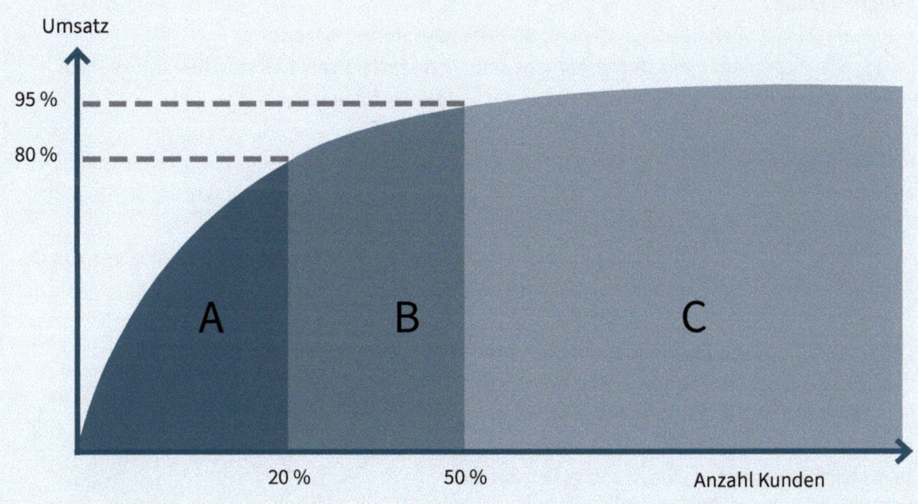

Exkurs: Das Pareto-Prinzip, auch genannt die 80-20-Regel

Der italienische Ökonom und Soziologe Vilfredo Pareto stieß bereits vor über 100 Jahren auf ein statistisches Phänomen: Er untersuchte den Bodenbesitz in Italien und erkannte, dass ca. 20 % der Bevölkerung ca. 80 % des Bodens besitzen.

In der Folge wurde festgestellt, dass sich dieses Verhältnis auch in vollkommen anderen Bereichen wiederfindet.

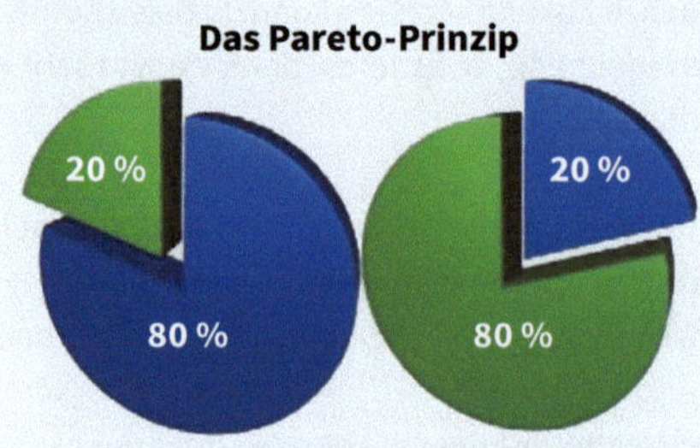

80 % des unternehmerischen Nutzens werden durch 20 % des Aufwandes erzielt

Einige Beispiele:

- 20 % der Menschheit besitzen mehr als 80 % des Gesamtvermögens.
- 20 % der Mitarbeiter eines Unternehmens sind für 80 % der Krankheitstage verantwortlich.
- 20 % unserer Kleidung tragen wir in 80 % der uns zur Verfügung stehenden Zeit.

In Unternehmen wird die 80-20-Regel oft eingesetzt, um fehlende Effizienz zu enttarnen. So gibt es viele Unternehmen, die 80 % des Umsatzes mit gerade mal 20 % ihrer Produkte erzielen.

Auch dieser Wert ist möglich: Dass in einem Unternehmen 80 % des gesamten Umsatzes von nur 20 % des Außendienst-Personals erwirtschaftet wird.

Das Pareto-Prinzip macht auch klar, dass das Streben nach 100 % Erfolg nicht in jeder Situation erforderlich ist. Natürlich gibt es Arbeiten, die nur dann abgeschlossen sind, wenn sie zu 100 % fertiggestellt sind. Meistens genügt es jedoch völlig, sich auf die 80 %-Quote zu konzentrieren und zu versuchen, dieses Ergebnis mit dem geringstmöglichen Aufwand zu erreichen.

20 % Aufwand bringen 80 % Ergebnis

6.5.2.2 Fixieren Sie Ihre A-Kunden

Einzelarbeit

1 Woche

Ziel: Die A-Kunden innerhalb Ihrer Gesamtkundentabelle sind markiert.

Aufgabenstellung: Die für Kundendaten zuständige Abteilung – z. B. Controlling – befüllt die Tabelle zur A-Kunden-Analyse komplett. Außerdem markiert sie die Top 20 % Ihrer Kunden gemäß der zwei bis vier von Ihnen markierten A-Kunden-Kriterien und sortiert diese absteigend. Anschließend übergibt sie die Tabelle als Exceldatei an den Moderator.

Art der Aufgabe: Delegation an zuständige Mitarbeiter
Zeitaufwand: 1 Woche

6.5.2.3 Zwei-Faktoren-Analyse

Vierergruppe

60 Minuten

Ziel: Sie kennen Ihre Top-Kunden.

Aufgabenstellung: Finden Sie in einem Brainstorming fünf bis zehn wichtige Soft Facts *(Image, Stimmungen, emotionale Nähe, Reputation etc.)*. Bilden Sie jetzt Vierergruppen und diskutieren Sie, welche zwei Soft Facts für die weitere A-Kunden-Analyse am wertvollsten sind und warum. Führen Sie Ihre Gruppenergebnisse zusammen und einigen Sie sich auf die zwei wertvollsten Soft Facts. Beschriften Sie das Zwei-Faktoren-Kreuz und tragen Sie Ihre A-Kunden ein.

Anmerkung: Wie viele Ihrer A-Kunden tragen Sie ein? Ziel ist es, die Kunden aus dem markierten Quadranten in einer Telefonumfrage nach ihren Kaufmotiven zu fragen. Dafür benötigen Sie eine ausreichend große Anzahl – diskutieren Sie im Team. Siehe dazu auch den folgenden Exkurs zum »Eisenhower-Modell«.

Art der Aufgabe: Gruppenarbeit und Vierergruppen
Zeitaufwand: 60 Minuten

Ihr Fadenkreuz, um Ihre Top-Kunden zu erkennen

Hier legen Sie die zwei für Ihr Unternehmen wichtigsten Faktoren zur Kundenbewertung fest. Bitte setzen Sie dazu das Eisenhower-Prinzip ein. Eine wirkungsvolle und bewährte Methode, die Sie dabei unterstützt, Wichtiges von Unwichtigem zu unterscheiden.

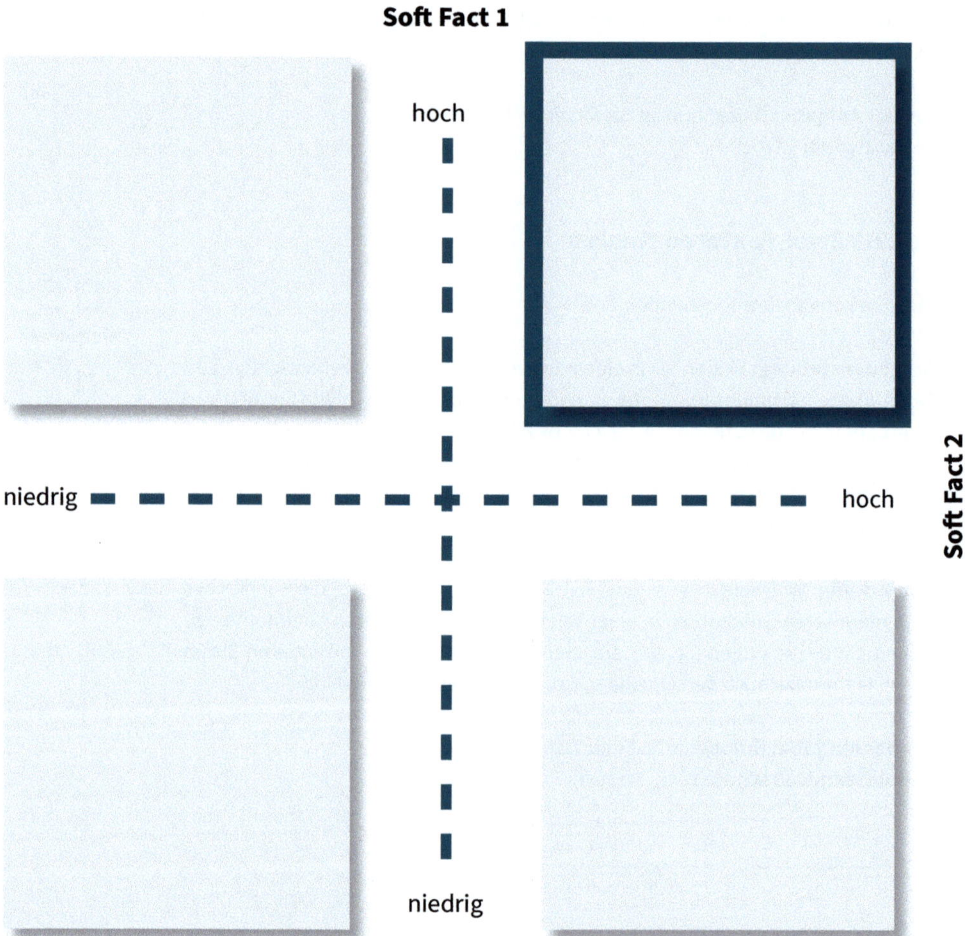

Exkurs: Das Eisenhower-Modell

Erfolg in Unternehmen entsteht oft dadurch, dass man erkennt, welche Ziele und Aufgaben wichtig sind und welche Aktivitäten nicht sofort ausgeführt werden müssen. Doch auch Organisationen können lernen, Wesentliches von Unwesentlichem zu unterscheiden. Eine oft genutzte Methode, um einfach und wirkungsvoll anstehende Aufgaben nach ihrer Gewichtung einzuteilen, ist das Eisenhower-Modell. Das Ziel dabei liegt auf der Hand: Die wichtigsten Maßnahmen sollen zuerst durchgeführt und Unwichtiges soll aussortiert werden. Das Prinzip ist zwar nach dem US-Präsidenten und Alliierten-General Dwight D. Eisenhower benannt, jedoch steht nicht fest, ob er auch wirklich der Erfinder ist.

Anhand der Kriterien Wichtigkeit *(wichtig/nicht wichtig)* und Dringlichkeit *(dringend/nicht dringend)* gibt es vier Kombinationsmöglichkeiten:

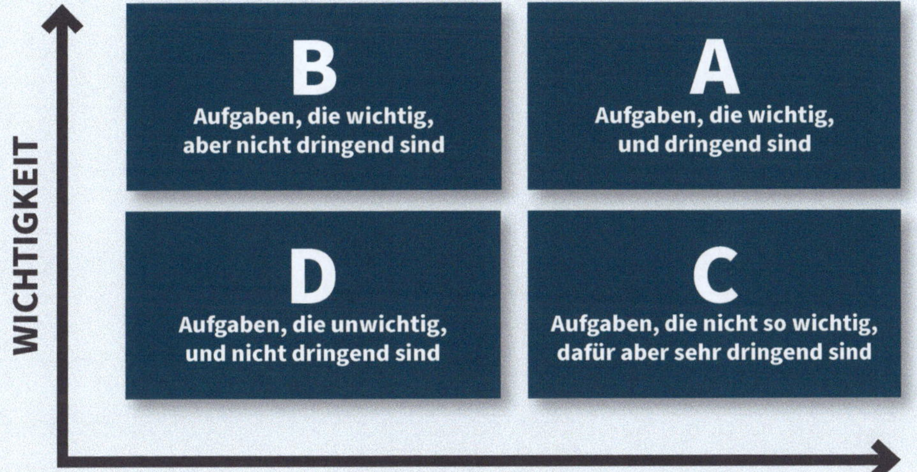

Nach dem Eisenhower-Modell werden diese vier Gruppen wie folgt behandelt:

- Aufgaben, die gleichzeitig wichtig und eilig sind, werden schnellstmöglich erledigt.
- Wichtige Aufgaben, die jedoch nicht eilig sind, übertragen wir in unsere Zeitplanung, tragen sie also in das Zeitplanbuch ein und sorgen dafür, dass sie zur rechten Zeit tatsächlich angepackt werden.
- Aufgaben die unwichtig sind, aber dennoch eilig, delegieren wir an unsere Mitarbeiter.
- Aufgaben, die sowohl unwichtig als auch nicht eilig sind, landen im Papierkorb.

6.5.3 Wofür steht Ihr Unternehmen? Definieren Sie Ihren Top-Nutzen

Welches Bild hat Ihr Unternehmen bei Ihren Geschäftspartnern, also vor allem bei Kunden und Lieferanten? Verlassen Sie sich bitte nicht darauf, dass externe Partner oder Kunden Ihr Unternehmen genau so sehen wie Sie selbst in der Geschäftsführung. Gehen Sie viel eher davon aus, dass die tatsächliche Wahrnehmung sehr unterschiedlich sein kann.

Exkurs: Das Johari-Fenster – Selbstbild/Fremdbild

Als Unternehmen sind Sie darauf angewiesen, von externen Geschäftspartnern wirklichkeitsgetreu und realistisch beurteilt zu werden. Idealerweise sollten Ihre Kunden, Lieferanten und alle weiteren externen Beobachter Ihr Unternehmen so sehen, wie Sie es selbst tun. Doch eine 100%ige Übereinstimmung kommt ausgesprochen selten vor.

Eine realistische, ehrliche und deshalb auch glaubwürdige Beschreibung des Eigenbildes ist ein wesentlicher Faktor des Images Ihres Unternehmens.

Hierbei leistet die Johari-Fenster-Methode sinnvolle Unterstützung. Dabei werden die Unterschiede zwischen Selbst- und Fremdwahrnehmung grafisch und übersichtlich in Form eines Fensters dargestellt. Mithilfe des Johari-Fensters wird vor allem der sogenannte »blinde Fleck« im Selbstbild eines Menschen illustriert.

Entwickelt wurde die Methode 1955 von den US-Sozialpsychologen Joseph Luft und Harry Ingham. Aus den Buchstaben der Vornamen entstand der Namen der nützlichen Visualisierung.

Die vier Felder des Johari-Fensters

Öffentlich – hier herrscht vollständige Transparenz.

Geheim – alles, was im Unternehmen zwar bekannt ist, der Öffentlichkeit aber nicht zugänglich gemacht wird.

Blinder Fleck – alles, was vom Unternehmen ausgesendet wird; wird auch vom Empfänger wahrgenommen – doch ohne, dass er sich dessen bewusst ist.

Unbekannt – alles, was weder dem Unternehmen noch seinen Geschäftspartnern bewusst ist. Man spricht deshalb auch vom »Unbewussten«. Es entfaltet eher eine subtile Wirkung.

6.5.3.1 Ermitteln Sie Ihr Selbstbild

Partnerarbeit

30 Minuten

Ziel: Sie haben Ihr Unternehmensselbstbild formuliert.

Aufgabenstellung: Bilden Sie Zweiergruppen und interviewen Sie Ihren Partner zu den Fragen in der folgenden Tabelle. Dabei ist es wichtig, dass Ihr Interviewpartner sich in einen oder mehrere Ihrer Top-Kunden hineinversetzt und antwortet, als ob er dieser Top-Kunde wäre. Beschreiben Sie eine möglichst konkrete Situation und wie Sie sich fühlen, was Sie wahrnehmen und wie sich diese Situation für Sie darstellt. Die Ergebnisse dieser Arbeit werden später mit dem Fremdbild zu einem Gesamtergebnis zusammengeführt.

Art der Aufgabe: Partnerarbeit
Zeitaufwand: 30 Minuten

Aufhänger/Problem
Welches dringende Problem haben Sie als unser Kunde? Weshalb wenden Sie sich an uns?

___

___

___

Bedürfnis
Welche Unterstützung brauchen Sie zur Lösung des Problems?

___

___

___

Wie stellen Sie sich den Ablauf vor?

___

___

___

Welche Unterstützung hätten Sie außerdem noch gerne?

Merkmal des Lieferanten
Wie stellen Sie sich eine optimale Zusammenarbeit mit uns als Dienstleister bzw. als Lieferant vor?

Nutzen für den Kunden
Welche Vorteile würde Ihnen diese Zusammenarbeit bieten?

Was wäre dabei Ihr konkreter Nutzen?

Welche Ergebnisse könnten Sie dadurch erzielen?

6.5.3.2 Erkennen Sie Ihr Fremdbild

Einzelarbeit

zwei Wochen

Ziel: Sie haben Ihr Unternehmensfremdbild erhalten.

Aufgabenstellung: Nehmen Sie Ihre ausgewählten Top-Kunden *(siehe Aufgabe 6.5.2.3 markierter Quadrant)* und stimmen Sie sich in der Gruppe ab, wer von Ihnen welchen Kunden anruft und befragt. Nutzen Sie die folgende Telefonnotiz und orientieren Sie sich an den aufgeführten Leitfragen.

Art der Aufgabe: Einzelarbeit
Zeitaufwand: zwei Wochen

Exkurs: Den Kontakt zum Kunden optimal nutzen!

Wenn Sie schon im Rahmen des Workshops Kontakte zu Ihren Kunden aufnehmen, dann ergibt sich daraus ein interessanter zusätzlicher Nutzen.

Aus Ihrer telefonischen Anfrage wird eine Maßnahme der Kundenbindung, wenn Sie sich etwas mehr Zeit nehmen und Ihren Kunden den Hintergrund Ihres Telefonats erklären. Informieren Sie gleich zu Anfang, dass Ihr Unternehmen sich derzeit um Weiterentwicklung bemüht und dass Sie sich das Ziel gesetzt haben, die Kundenzufriedenheit zu erhöhen.

Teilen Sie weiter mit, dass Sie genau dafür ein Leitbild entwickeln – was ja schließlich den Tatsachen entspricht. Sie werden sehen, dass Ihr Kunde keine Einwände gegen Ihre Maßnahme haben wird. Ganz im Gegenteil – er wird Ihre Aktivitäten begrüßen, weil sie zu seinem Vorteil und Nutzen stattfinden. Deshalb wird sich Ihr Kunde bestimmt gerne bereiterklären, Ihre Fragen zu beantworten.

Wie beurteilt Ihr Kunde die Zusammenarbeit mit Ihrem Unternehmen?
Notieren Sie bitte die wichtigsten Aspekte:

____

____

____

____

____

____

Einige Leitfragen zur Anregung/Unterstützung:

- Was war Ihr dringendstes Problem?
- Was bereitet Ihnen die größten Sorgen?
- Was hat Ihnen gefehlt?
- Welche Unterstützung brauchten Sie unbedingt?
- Konnten wir Ihnen vollständig helfen?
- Was können wir außerdem noch für Sie leisten?

6.5.3.3 Zusammenführung von Selbst- und Fremdbild

Gruppenarbeit

90 Minuten

Ziel: Sie haben Selbst- und Fremdbild gegeneinander abgeglichen.

Aufgabenstellung:

- Schreiben Sie die Ergebnisse aus Ihrer Selbstbildrecherche auf weiße Moderationskarten.
- Halten Sie die Ergebnisse zum Fremdbild auf grünen Moderationskarten fest.
- Stellen Sie inhaltsähnliche Blöcke zusammen – am besten innerhalb einer Diskussion mit Anleitung durch einen Experten.
- Finden Sie passende Überschriften, um die Inhalte zusammenzufassen.
- Die Blöcke mit einer hohen Kongruenz und vielen Treffern zeigen Ihnen den derzeitigen Nutzen Ihres Unternehmens auf.

Siehe hierzu auch den Exkurs Selbstbild/Fremdbild mit der Methodik des Johari-Fensters in diesem Kapitel.

Art der Aufgabe: Gruppenarbeit
Zeitaufwand: 90 Minuten

Das Zusammenfügen von Selbst- und Fremdbild

Beispiele anhand der anfallenden Themen zur besseren Erklärung Ihrer Aufgabe

Selbstbild *(weiße Moderationskarten)*

Fremdbild *(grüne Moderationskarten)*

Überschrift 1: *(z. B. freundlich)*
inhaltsähnliche Karten/Begriffe

- niedrige Kongruenz

→ verzerrtes Selbstbild

Überschrift 2: *(z. B. zuverlässig)*

- hohe Kongruenz
- viele Treffer

→ öffentlich

Überschrift 3: *(z. B. hochwertig)*

- hohe Kongruenz
- weniger Treffer

Überschrift 4: *(z. B. pünktlich)*

- niedrige Kongruenz

→ unser blinder Fleck

6.5.4 Missionsformulierung

Formulieren Sie Ihre Antwort auf die folgende Frage möglichst knapp und prägnant. Ideal ist es, wenn Sie mit wenigen, knappen Sätzen auskommen.

Was darf unser Kunde von uns erwarten?
Beantworten Sie diese elementare Frage zuerst in Zweiergruppen, dann in Vierergruppen und zuletzt in der Gesamtgruppe. Eindeutiges Ziel ist es, eine Antwort zu finden, die die Zustimmung aller Beteiligten erhält.

Ihr Weg zur Verdichtung und endgültigen Ermittlung der Unternehmensmission

Partnerarbeit

20 Minuten

6.5.4.1 Missionsentwurf in Partnerarbeit

Ziel: Jede Zweiergruppe hat einen Missionsentwurf entwickelt.

Aufgabenstellung: Bilden Sie Zweiergruppen. In diesen Partnerarbeiten entwickeln Sie einen gemeinsamen Missionsentwurf, der einen Umfang von drei bis fünf Sätzen haben sollte.

Art der Aufgabe: Partnerarbeit
Zeitaufwand: 20 Minuten

Unser gemeinsamer, vorläufiger Missionsentwurf, erstellt im Zweierteam

6.5.4.2. Missionsentwurf in der Vierergruppe

Vierergruppe

20 Minuten

Ziel: Die Missionsentwürfe wurden durch das Zusammenlegen von jeweils zwei Partnerarbeiten weiter verdichtet.

Aufgabenstellung: Bilden Sie Vierergruppen, womit Sie zwei Partnerentwürfe vorliegen haben. Verdichten Sie diese beiden Missionsentwürfe zu einem nächsten gemeinsamen Ergebnis. Der Umfang Ihres Missionsentwurfs sollte auch hier drei bis fünf Sätze betragen.

Art der Aufgabe: Gruppenarbeit, vier Teilnehmer
Zeitaufwand: 20 Minuten

Unser gemeinsamer, vorläufiger Missionsentwurf, erstellt in der Vierergruppe

6.5.4.3 Missionsentwurf in der Gesamtgruppe

alle

20 Minuten

Ziel: Ein vorläufiger Missionsentwurf der Gesamtgruppe liegt vor.

Aufgabenstellung: Alle Teilnehmer verdichten gemeinsam die vorliegenden Missionsentwürfe der Vierergruppen zu einem gemeinsamen Entwurf Ihrer Mission in drei bis fünf Sätzen.

Art der Aufgabe: Gruppenarbeit, alle Teilnehmer
Zeitaufwand: 20 Minuten

Unser gemeinsamer, vorläufig finaler Missionsentwurf, erstellt in der Gesamtgruppe

6.5.5 Freigabe der Mission

alle

30 Minuten

+ 1 Woche
Reifeprozess

Ziel: Ihre Mission steht.

Das wird heute noch nicht der Fall sein. Die Autoren legen Ihnen ans Herz, einen einwöchigen Reifeprozess einzulegen. Hintergrund: Bei der Weiterarbeit an Ihrer Positionierung bildet die stimmige und exakte Formulierung Ihrer Mission die Basis. Sie sollten sich ganz sicher sein, dass Sie sich für das bestmögliche Fundament entschieden haben.

Deshalb lautet unsere Empfehlung, einen zeitlichen Abstand von einer Woche zwischen der kreativen Findungs- und Entwicklungsphase und der endgültigen Formulierung Ihrer Mission zu legen. Status quo: Die erforderlichen Erkenntnisse wurden von allen Teilnehmern und von den unterschiedlichsten Seiten betrachtet und ausgewählt. Jetzt folgt der letzte Schritt: der endgültige Reifeprozess.

Gönnen Sie sich diesen zeitlichen Abstand – Sie gewinnen Klarheit, Gewissheit und ein sicheres Gefühl für die endgültige Fassung.

Bitte machen Sie sich immer wieder klar, dass die Mission, die Sie entwickeln, den Sinn und Zweck Ihres Unternehmens konkret, wahrhaftig und glaubwürdig beschreiben soll.

Um dieses hochgesteckte Ziel zu erreichen, ist die verbindliche Zustimmung aller Teilnehmerinnen und Teilnehmer erforderlich.

Treffen Sie sich nach etwa einer Woche, um die endgültige Formulierung abzustimmen und zu verabschieden. Dazu brauchen wir noch einmal Ihre volle Konzentration und höchste Einsatzbereitschaft. Jeder Teilnehmer sollte sich mental auf dieses wichtige Treffen vorbereiten.

Aufgabenstellung: Gemeinsames Betrachten der gefundenen Formulierung, ggf. anpassen, Konsensentscheidung treffen und annehmen.

Art der Aufgabe: Gruppenarbeit, alle Teilnehmer
Zeitaufwand: 30 Minuten

6.5.6 Die grüne Seite – Ihre Unternehmensmission liegt vor

Sie haben erlebt und nachvollzogen, dass es gar nicht so einfach ist, das eigene Unternehmen mit seinen Leistungen, Werten und Eigenschaften realistisch zu beschreiben. Es gab wahrscheinlich mehr unterschiedliche Meinungen, als Sie vorher vermutet hatten. Dennoch ist es Ihrem Workshopteam gelungen, alle diese Ansichten unter einen gemeinsamen Hut zu bringen: In Form Ihres Missions-Statements!

Wir gratulieren zu diesem gemeinsam erreichten Etappenerfolg und bitten alle Teilnehmerinnen und Teilnehmer, mit ihrer Unterschrift ihre Zustimmung öffentlich zu bekunden. Vielen Dank!

Nicht die Größe der Aufgabe entscheidet,
sondern das Wie, mit dem wir sie zu lösen verstehen.

Theodor Fontane

Ihre Unternehmensmission lautet:

Unterschrift der Missionsentwickler:

Die Etappen, auf die es ankommt, haben Sie allesamt mit Bravour gemeistert. Im entscheidenden, letzten Ansturm auf den Gipfel geht es darum, die neuen Erkenntnisse im Unternehmen bekannt zu machen. Nur noch wenige Schritte und Sie haben Ihr Ziel erreicht!

7. Die Integration Ihres Leitbilds in das Unternehmen

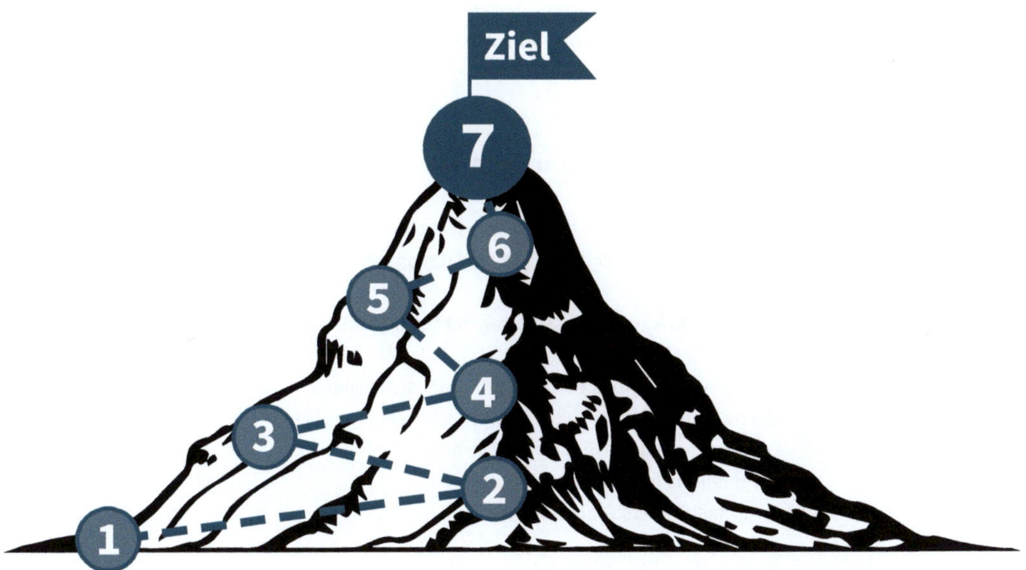

7.2 Definition

Bei der Integration geht es darum, das ausgearbeitete Leitbild im Unternehmen bekannt zu machen. Die Zielsetzung lautet: Alle Mitarbeiter kennen und verstehen sowohl die Inhalte als auch den Spirit des Leitbilds. Dazu müssen das gesamte Unternehmen sowie Kunden und Geschäftspartner informiert sein. Wir empfehlen Ihnen, die Integration als ein Fünfjahresprojekt mit kurz-, mittel- und langfristigen Maßnahmen einzustufen.

7.3 Nutzen für Ihr Unternehmen

Ein erfolgreich integriertes Leitbild leistet eine Vielzahl an wertvollen Einflüssen. Sämtliche Unternehmensbereiche sind davon betroffen.

Effekte und Wirkungen eines integriertes Leitbildes:

- ✓ motivierte Mitarbeiter
- ✓ Grundlage für Unternehmensziele und -strategien
- ✓ klare und unverwechselbare Unternehmensidentität
- ✓ Entscheidungshilfe für Führungskräfte
- ✓ Hilfestellung in Konfliktsituationen
- ✓ vereinfachte Personalauswahl

7.4 Einleitung

Es liegt auf der Hand, dass Ihr Leitbild seine vielen positiven Einflüsse und Eigenschaften nur dann zur Entfaltung bringen kann, wenn seine Inhalte von möglichst vielen Mitarbeiterinnen und Mitarbeitern mitgetragen werden. Allerdings kann man dieses Mittragen nicht einfach bestimmen – die Annahme des und die Zustimmung zum Leitbild muss aus einer inneren Haltung heraus erfolgen.

Für das Gros der Mitarbeiter – gemeint sind die Kolleginnen und Kollegen, die nicht an der Entwicklung beteiligt waren – ist das Leitbild erst einmal ein abstraktes, theoretisches, totes und konstruiertes Gebilde, »neumodischer Firlefanz«, den sich die Metaebene ausgedacht hat.

Es ist eine wichtige und unumgängliche Aufgabe, dieses in der Theorie entwickelte Konstrukt zum Leben zu erwecken. Die Werkzeuge, um das zu erreichen, sind die verschiedenen Maßnahmen der Integration. Da es sich bei Ihrem Leitbild um neue, bislang unbekannte Gedanken handelt, empfiehlt sich ein Vorgehen in mehreren einzelnen Schritten. Auf keinen Fall sollten die Mitarbeiterinnen und Mitarbeiter »von oben herab« informiert und eingebunden werden.

Als endgültiges Ziel wollen Sie erreichen, dass Ihre Belegschaft quasi zum Puls und Herzschlag des neuen Leitbilds wird. Und das nicht als gehorsame Befehlsempfänger, die brav zur Kenntnis nehmen, was ihnen verkündet wird, sondern aus eigener Willenskraft und Überzeugung.

Über die einzelnen Etappen der Integration wird das Interesse an der zukünftigen Unternehmenskultur entfacht. Die Informationen zum Leitbild sollten deshalb mehrfach wiederholt, idealerweise durch unterschiedliche Medien kommuniziert werden. Auf diese Weise wird sowohl eine Erwartungshaltung als auch eine gewisse Spannung aufgebaut. Es lohnt sich, diesen Dialog mit jedem einzelnen Mitarbeiter zu beginnen und konsequent fortzuführen. Dabei sollten Sie Wert auf eine leicht zugängliche und für jedermann verständliche Ausdrucksweise legen.

Die Integration ist gelungen, wenn Sie es schaffen, die Mitarbeiter und Mitarbeiterinnen vom Wert und von der Funktion des erarbeiteten Leitbilds zu überzeugen – mit großer Bedeutung für die gemeinsame Zukunft. Die Mitarbeiter sollen verstehen, dass es sich bei dem Leitbild um ein hervorragendes Instrument handelt, das geeignet ist, die Fähigkeiten, Stärken und Qualitäten im Unternehmen zu bündeln. Die Zusammenarbeit wird gefördert, weil alle an einem Strang ziehen. Das Leitbild dient dazu, vorhandene Kräfte zu entfalten und brachliegende oder blockierte Potenziale freizulegen.

Wir müssen immer wieder das Gespräch mit unserem Nächsten suchen. Das Gespräch ist die einzige Brücke zwischen den Menschen.

Albert Camus, Literaturnobelpreisträger

Integration des Leitbilds – Wirkung nach innen

Ein ausgewähltes Team hat die ideale Positionierung Ihres Unternehmens erarbeitet. In Form eines Leitbilds sollen diese Überlegungen der gesamten Belegschaft zugänglich gemacht werden. Mithilfe der Integration werden die Ergebnisse der Workshops im Unternehmen kommuniziert. Das neue Leitbild soll von jedem Einzelnen aufgenommen, verstanden und verinnerlicht werden. Ihr Leitbild ist aus der Praxis heraus entstanden und so verfasst, dass es die Sprache und das Verständnis aller Mitarbeiter trifft – dadurch lässt es Zustimmung und Identifikation entstehen und wachsen.

Sinnvoll ist die Einsetzung einer internen Leitbild-Taskforce – einer Gruppe engagierter Mitarbeiterinnen und Mitarbeiter – die sich für einen bestimmten Zeitraum um die Integration bemüht und entsprechenden Freiraum erhält.

Wird die erarbeitete Strategie nachvollzogen, sind ab sofort viele der unternehmerischen Entscheidungen einleuchtend, verständlich und fassbar. Das Leitbild dient somit auch den Mitarbeitern zur Orientierung, schafft zudem ein Plus an Sicherheit und erhöht das Vertrauen in das Unternehmen.

Man kann es auch so ausdrücken: Bei einer gelungenen und vollständigen Integration des Leitbilds rücken die Gedanken und Meinungen von Mitarbeitern und Führungskräften enger zusammen. Alle blicken in ein und dieselbe Richtung und verfolgen mit ihrem Engagement einheitliche Ziele. Daraus entsteht eine enorme Zugkraft – denn sowohl die Motivation als auch der Spaß an der Arbeit wächst, ebenso der Wunsch zu mehr eigenverantwortlichem Handeln.

Integration des Leitbilds – Wirkung nach außen

Selbstverständlich ist das Leitbild Ihres Unternehmens auch ein Instrument zur Pflege von Image und Außenbild. Es schärft das Profil des Unternehmens und dient der Abgrenzung von der Konkurrenz. Zielgruppen sind Kunden, Geschäftspartner und potenzielle Mitarbeiter.

Kunden werden durch das Leitbild vom Unternehmen sowie seinen Leistungen und Angeboten überzeugt. Geschäftspartner erhalten die Grundlage für eine vertrauensvolle Zusammenarbeit.

Auch bei der Auswahl zukünftiger Mitarbeiter erhalten Sie durch das Leitbild wertvolle Unterstützung. Ihre Aussagen erzeugen bei den Kandidatinnen und Kandidaten im Voraus eine Vorstellung von den Werten Ihrer Organisation. Dadurch haben sie die Möglichkeit, die Werte des Unternehmens mit den eigenen abzugleichen.

Eine Auswahl an Möglichkeiten, um das neue Leitbild bekannt zu machen:

- Information auf einer Mitarbeiterversammlung
- das Leitbild auf der Homepage ergänzen
- Print-Selbstdarstellungen mit Leitbild verschicken und auf Veranstaltungen und Messen verteilen
- Pressemitteilungen formulieren und verteilen
- das Leitbild an einer repräsentativen Stelle im Unternehmen aushängen
- im Unternehmensalltag immer wieder an das Leitbild erinnern *(z. B. bei Besprechungen, Versammlungen, Feiern)*
- Mitarbeiter zum Leitbild und seinen Auswirkungen auf ihre Tätigkeiten schulen
- als Unternehmensleitung mit gutem Beispiel vorangehen

Integration des Leitbilds – ein Fazit

Sie haben jede Menge Zeit, Energie und Hirnschmalz in die Recherche, Diskussion und Formulierung Ihres Leitbilds gesteckt. Jetzt liegt nur noch dieser letzte, entscheidende Schritt vor Ihnen – wir empfehlen Ihnen, sich dafür mehrere Jahre Zeit zu nehmen. Denn die Einführung Ihres Unternehmensleitbildes ist mehr als die Erstellung von Regeln. Die beschriebenen Grundsätze müssen in der alltäglichen Arbeitswelt etabliert werden, und zwar auf jeder Ebene des Unternehmens.

Durch den Prozess der Integration machen Sie sämtliche Überlegungen und Planungen aus den durchgeführten Workshops allen Ihren Mitarbeiterinnen und Mitarbeitern zugänglich. Dieser Schritt hat den höchsten Stellenwert! Erst wenn Ihr komplettes Team hinter dem neuen Leitbild steht, erst wenn das, was in der Theorie entstanden ist, tagtäglich und an jedem Arbeitsplatz umgesetzt und gelebt wird, haben Sie Ihr Ziel »Leitbildentwicklung« erreicht.

Was von den Mitarbeiterinnen und Mitarbeitern erwartet wird, kann nur funktionieren, wenn die Unternehmensleitung und sämtliche Führungskräfte auf die im Leitbild enthaltenen Werte und Ziele eingeschworen werden und sich in ihrer Vorbildfunktion auch entsprechend verhalten. Gleichzeitig sollten Ihre Führungskräfte befähigt werden, die frisch aufgestellten Führungsprinzipien auch anzuwenden.

Unsere Workshops zum Thema Integration liefern Ihnen Schritt für Schritt die erforderlichen Hilfestellungen.

Der Langsamste, der sein Ziel nicht aus den Augen verliert,
geht immer noch schneller als der, der ohne Ziel herumirrt.

Gotthold Ephraim Lessing

Beispiel aus der realen Unternehmenswelt: wie die Integration nicht funktionieren kann

Der Niederlassungsleiter eines größeren Recyclingunternehmens berichtet: »Eines Tages erhielt ich von unserer Konzernleitung einen Brief und dazu ein eingerahmtes DIN-A4-Blatt mit einigen hochtrabenden Sätzen in Golddruck. Im beiliegenden Schreiben wurde erklärt, dass diese Aussagen das neue Leitbild des Unternehmens darstellen. Alle Niederlassungsleiter wurden aufgefordert, dieses Leitbild den Mitarbeitern zu vermitteln.«

Hier wurde versucht, den Mitarbeitern auf Befehl von oben eine neue Einstellung, ein neues Verhalten oder eine neue Denkweise zu verordnen.

Da die Hintergründe und Überlegungen, die zu den Leitbildaussagen führten, den Mitarbeitern vorenthalten wurden, ist kaum vorstellbar, dass ein solches Leitbild angenommen wird. Diese Maßnahme kann, ganz im Gegenteil, sogar nach hinten losgehen. Nämlich dann, wenn die Mitarbeiter das Gefühl haben, statt informiert und einbezogen, einfach überrumpelt zu werden.

Hotelkette Upstalsbloom: Beispiel für eine erfolgreiche Integration

Im Jahre 2009 führte die Geschäftsleitung der Hotelkette Upstalsbloom eine anonyme Befragung ihrer Mitarbeiter durch. Das Ergebnis war niederschmetternd – die meisten Mitarbeiter waren sowohl mit ihren Aufgaben als auch mit ihren Vorgesetzten in höchstem Maße unzufrieden. Geschäftsführer Bodo Janssen beschloss daraufhin, unter enger Einbeziehung seiner Mitarbeiter, ein vollständiges Umdenken und eine Neuorientierung des Unternehmens. Bodo Janssen wollte erreichen, dass seine Mitarbeiter glücklich und zufrieden mit ihrer Arbeit sind.

Zuerst wurden 70 Führungskräfte zu einem Klosteraufenthalt für gemeinsame Workshops eingeladen. Das übergeordnete Thema lautete: »Corporate Happiness«. Allen Mitarbeiterinnen und Mitarbeitern wurden freiwillige Informationsveranstaltungen angeboten, damit sie sich mit dem unbekannten, neuen Thema vertraut machen konnten. Wer Lust hatte, an der zukünftigen Entwicklung des Unternehmens mitzuwirken, war herzlich eingeladen. Außerdem wurden »Corporate Happiness«-Beauftragte benannt, die als Multiplikatoren fungierten, um die neue Strategie im Unternehmen zu verankern.

Aussage einer Führungskraft: »Unser Chef hat sich zum Ziel gesetzt, dass sich alle Mitarbeiter im Unternehmen wohlfühlen. Während früher Strategien von der Zentrale kamen, werden heute alle Mitarbeiter aktiv in die Leitbildbearbeitung einbezogen. Dadurch können wir uns mehr mit dem, was wir tun, identifizieren.«

Für die Erarbeitung der Unternehmenskultur entwickelten die Mitarbeiter zwölf Leitwerte, an denen sich das Unternehmen inzwischen orientiert.

Die Hotelkette ist auch wirtschaftlich sehr erfolgreich und verdoppelte zwischen 2009 und 2013 ihren Umsatz auf 42 Millionen Euro.

Die durchschnittliche Verweildauer der Angestellten in der Hotelbranche beträgt 1,5 Jahre – bei Upstalsboom inzwischen sechs Jahre. Das Unternehmen ist als Arbeitgeber begehrt: Für eine Hoteleröffnung wurden im Vorfeld an die 3.000 Bewerbungen eingereicht.

Ein weiteres Beispiel für eine gelungene Integration

Einer unserer Beratungskunden – ein mittelständisches Unternehmen der Baubranche im Norden Deutschlands mit einer Belegschaft von insgesamt 250 Mitarbeitern – hat die Grundsteinlegung für das neue Leitbild zu einem erinnerungswürdigen Ereignis erhoben:

Den attraktiven Rahmen bildete eine Tagestour auf die Nordseeinsel Norderney mit einer Kick-off-Veranstaltung als Höhepunkt. Für die folgenden Jahre wurden alle ein bis zwei Monate Impuls-Veranstaltungen zu den Themen Vision, Werte und Mission geplant und auch pünktlich und konsequent durchgeführt.

Zu wissen, was man weiß, und zu wissen,
was man tut, das ist Wissen.
Konfuzius (chinesischer Philosoph)

7.5 Workshop – gemeinsame Erarbeitung Ihrer Integrationswerkzeuge

Mit den Maßnahmen der Integration sollen möglichst alle Mitarbeiter angesprochen und von Inhalt, Bedeutung und Richtigkeit des entwickelten Leitbilds überzeugt werden. Es geht darum, dass sie die neue strategische Ausrichtung verstehen und akzeptieren. Wenn Ihre Belegschaft die zentrale Bedeutung des Leitbilds für die zukünftige Zusammenarbeit, die Partizipation und das Klima im Unternehmen erkannt haben, stellt dies einen Gewinn für alle Beteiligten dar.

Ziel der Integration ist es, einen Unterschied zur bisherigen Unternehmenskultur zu bewirken – sie also zu optimieren. Um die Herzen der Menschen zu erreichen, ist es erforderlich, dass ein anderes Denken, ein regelrechter Ruck durch Ihre gesamte Organisation geht.

Es ist entscheidend für den Erfolg der bisher geleisteten Arbeit, dass diese Schwelle auch wirklich überschritten wird. Allerdings werden Sie dabei auf recht unterschiedliche Reaktionen stoßen. Die Palette reicht voraussichtlich von Zustimmung und großem Interesse bis hin zu strikter Ablehnung.

Ihre Mitarbeiterinnen und Mitarbeiter sind womöglich unsicher, haben viele Fragen, die es allesamt zu beantworten gilt. Typische Fragen zur Integration sind:

- Wie erreichen wir, dass das Leitbild im Unternehmen gelebt wird?
- Was kann ich konkret für die Umsetzung tun?
- Welche konkreten Maßnahmen sind vorgesehen?
- Welche Etappenziele wollen wir erreichen?
- Welche Auswirkungen werden sich für mich persönlich ergeben?
- Was wird sich an meiner Arbeit oder Position ändern?

Um diese Fragen zu beantworten und um die emotionale Zustimmung der Belegschaft zu gewinnen, leistet Ihnen die Entwicklungslandkarte wertvolle Unterstützung. Im Exkurs auf der folgenden Seite erklären wir, wie Sie diese Methode für die Integration Ihres Leitbildes nutzen.

Exkurs: Die Entwicklungslandkarte

Mithilfe der Entwicklungslandkarte teilen Sie die Vision in einzelne, kleine Blöcke auf. Sie geben dadurch Ihren Mitarbeiterinnen und Mitarbeitern Hilfestellung, damit sie die bevorstehenden Veränderungen besser verstehen und richtig einschätzen können. Die Entwicklungslandkarte bietet Ihnen eine Basis für die Planung und Umsetzung der Vision, denn sie macht individuelle Zielvereinbarungen sichtbar – sowohl für den Einzelnen als auch für ganze Abteilungen.

Vielleicht haben Sie schon mal mit einer Roadmap gearbeitet: Die Entwicklungslandkarte ist ähnlich – sie schafft Übersicht und Verständnis und liefert die Grundlage für alle weiteren inhaltlichen Aktivitäten.

Beim Anwenden der Disney-Methode haben wir den Träumer in Ihnen angesprochen. Jetzt sind der innere Realist und der Kritiker, die beide ebenfalls in Ihnen stecken, gefragt.

Eine vollständige Entwicklungslandkarte ist eine detaillierte Aufstellung, die Ihnen Auskunft darüber gibt, welche Unternehmensbereiche *(»Entwicklungskorridore«)* durch die Vision betroffen sind und welche Teilschritte *(»Themen«)* nötig sind, um sie auch im Arbeitsalltag realisieren zu können.

Beispiel für den Entwicklungskorridor »Vision«

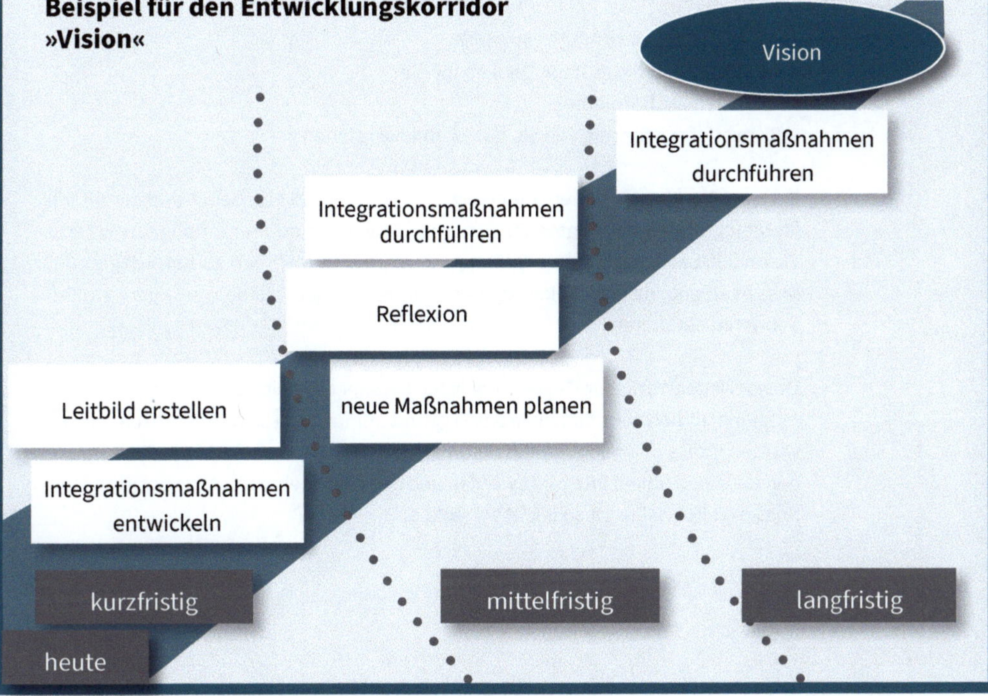

7.5.1 Wie Sie die Integration des Leitbilds erreichen

Bei der Integration geht es um die generelle Haltung und Einstellung Ihrer Mitarbeiter. Es sind die in Ihrer Organisation tätigen Menschen, die durch ihr Denken und Handeln die Kultur im gesamten Unternehmen maßgeblich beeinflussen. Die Integration sollte erreichen, dass sich alle Beteiligten an einer einheitlichen Vision und gemeinsamen Werten orientieren.

Um sie alle auf Ihre begonnene Reise mitzunehmen, sollten Sie sich um die emotionale Zustimmung jedes Einzelnen bemühen. Vertrauen und Verständnis sind hierbei Stichworte, die entscheidend sind. Die einzelnen Stationen Ihres Leitbilds – in der Reihenfolge Vision, Werte und Mission – müssen dafür detailliert und plausibel erklärt werden.

Demonstrieren Sie, wie wichtig es Ihnen ist, dass Ihre Mitarbeiterinnen und Mitarbeiter auch alle Überlegungen verstehen und nachvollziehen. Haken Sie deshalb bei Fragen, die Ihnen Ihre Mitarbeiter stellen, mit eigenen, tiefer schürfenden Fragen nach:

- Wie genau ist diese Frage gemeint?
- Was bedeutet dieses neue Denken für Sie?
- Wo sehen Sie Probleme?
- Bitte erklären Sie mir, wie Sie das Leitbild verstehen.

In Ihren Workshops haben Sie erfolgreich ein Leitbild erarbeitet und schriftlich festgelegt. Allen Beteiligten ist sicher klar: Die neue oder erstmalig formulierte Vision führt zwangsläufig zu Veränderungen im Unternehmen. Es hat sich gezeigt, dass es so gut wie unmöglich ist, diese Veränderungen in einem einzigen, großen Schritt zu etablieren.

Obwohl jeder Workshop-Teilnehmer jeden einzelnen Arbeitsschritt mitgedacht und mitgemacht hat, wird für einige das Ergebnis immer noch sehr theoretisch sein. Es wurden große und wichtige Aussagen niedergeschrieben – doch wie diese nun in den täglichen Ablauf integriert werden und den Unternehmensalltag positiv beeinflussen sollen, ist nicht so leicht vorstellbar.

7.5.1.1 Sammeln von Entwicklungsthemen

Einzelarbeit

vier Wochen begleitend

Ziel: Am Ende der vier Wochen liegen alle Ihnen nötig erscheinenden Themen zur Umsetzung Ihrer Vision vor.

Aufgabenstellung: Sammeln Sie bitte – jeder für sich – konkrete Themen, um die Inhalte der Vision zu erreichen. Halten Sie jedes Thema auf einem quadratischem Post-it von 7 × 7 cm fest.

Tipps für die Durchführung: Legen Sie sich diese Post-its bereit, wo immer Sie sich aufhalten, z. B. am Arbeitsplatz, neben dem Telefon oder dem Computer. Immer wenn Ihnen eine Idee für ein Thema einfällt, halten Sie diese rasch auf einem Post-it fest. Die Nähe zum Arbeitsalltag ist dabei durchaus erwünscht: Sie werden sehen, wie häufig Alltagsprobleme in die Visionsthemen hineinspielen.

Art der Aufgabe: Einzelarbeit
Zeitaufwand: vier Wochen begleitend

7.5.1.2 Austausch über die Entwicklungsthemen

alle

Viermal 15 Min. individuell

Ziel: Jeder Teilnehmer hat einen Überblick über alle Entwicklungsthemen und nimmt für sich Inspiration mit.

Aufgabenstellung: Legen Sie einen Wochentag – z. B. den Freitag – als gemeinsamen Treffpunkt fest. Bei diesen Meetings werden sämtliche Post-its auf Pinnwänden zusammengetragen. Es geht erst einmal nur um die Sammlung, die vorliegenden Themen werden nicht kommentiert, nicht gegliedert und auch nicht sortiert.

Ein Austausch der Teilnehmer und Teilnehmerinnen zum gegenseitigen Verständnis der Entwicklungsthemen ist ausdrücklich erwünscht. Die Treffen finden während der »Sammelphase« statt.

Art der Aufgabe: Gruppenarbeit
Zeitaufwand: viermal 15 Minuten *(individuell)*

7.5.1.3 Clustern

alle

120 Minuten

Ziel: Alle gesammelten Themen sind sortiert und gegliedert.

Aufgabenstellung: Fassen Sie Themenblöcke zusammen, indem Sie aus Post-its mit ähnlichen Inhalten Cluster bilden. Diskutieren Sie, bis alle vorhandenen Themen verstanden, besprochen und eingeordnet sind. Geben Sie jedem Cluster eine sinnvolle Titelbezeichnung.

Hinweis: Diese Titel entsprechen den Entwicklungskorridoren auf der Entwicklungslandkarte. Wir empfehlen Ihnen den Einsatz von etwa fünf bis acht Korridoren.

Art der Arbeit: Gruppenarbeit
Zeitaufwand: 120 Minuten

7.5.1.4 Priorisierung – Festlegen der Wichtigkeit

alle

15 Minuten

Ziel: Alle Themenbereiche, um die Vision zu erreichen, sind nach ihrer Wichtigkeit sortiert.

Aufgabenstellung: Jeder Teilnehmer erhält fünf Klebepunkte. Verteilen Sie diese auf die Ihnen am wichtigsten erscheinenden Themen. Sie haben dabei die Möglichkeit, eines der Themen doppelt zu gewichten *(Beispiel: 1-1-1-1-1 oder 2-1-1-1)*.

Bitte führen Sie diesen Schritt durch, ohne zu diskutieren – diesmal ist Ihre persönliche Meinung gefragt. Anschließend zählen Sie bitte alle Punkte pro Thema zusammen.

Hinweis: Bei diesem Arbeitsschritt könnte es passieren, dass ein Cluster oder einzelne Themen keinen einzigen Wertungspunkt erhalten haben. Das bedeutet, dass diese Themen von Ihnen als untergeordnet eingestuft und nicht weiterverfolgt werden.

Übertragen Sie bitte sämtliche untergeordneten Themen in einen Themenspeicher, den Sie für Ihr jährliches Review archivieren – siehe Exkurs: Themenspeicher.

Art der Arbeit: Gruppenarbeit
Zeitaufwand: 15 Minuten

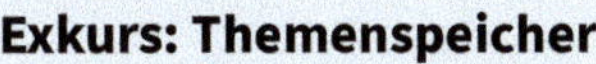

Exkurs: Themenspeicher

Bei Diskussionen zu komplexen und vielfältigen Inhalten kann man schnell abschweifen, den Faden verlieren und das Thema, um das es eigentlich geht, aus den Augen verlieren. Ein Themenspeicher leistet hier sinnvolle Unterstützung, weil alle irrelevanten Themen gesammelt werden und nicht verloren gehen.

Um den Themenspeicher einzurichten, hängen Sie ein großes, leeres Flipchartblatt für alle sichtbar auf. Beschriften Sie es mit der der Überschrift »Themenspeicher«.

Alle für Sie im Moment weniger zentralen Themen werden in den Themenspeicher aufgenommen, am besten in Form von Stichwörtern und – falls erforderlich – mit zusätzlichen, ergänzenden Begriffen.

Auf diese Weise stellen Sie sicher, dass Sie sich in Ihrer Diskussion auf das Hauptthema konzentrieren können und wichtige Themen dennoch nicht vergessen werden. Für die Teilnehmerinnen und Teilnehmer, die das Nebenthema eingebracht haben, ist es zudem ein gutes Gefühl, wenn sie erkennen, dass ihr Beitrag nicht wegfällt, sondern für einen späteren Zeitpunkt festgehalten wird.

alle

120 Minuten

7.5.1.5 Ablaufplanung

Ziel: Alle priorisierten Themen sind in die Entwicklungslandkarten übertragen.

Aufgabenstellung: Füllen Sie die Entwicklungslandkarte. Beginnen Sie mit dem Bereich, der die höchste Priorität bekommen hat. Legen Sie in der Gruppe und per Diskussion fest, welcher zeitliche Ablauf am sinnvollsten und logischsten ist:

- Welche Themenbereiche haben für Ihr Unternehmen den höchsten Stellenwert?
- Welche weiteren, wichtigen Themen folgen, um Ihre Vision so effizient wie möglich zu erreichen?

Diskutieren Sie, was realistisch und zeitlich machbar ist.

- Setzen Sie Schwerpunkte!
- Seien Sie mutig!
- Welche Einwände und Bedenken gibt es?

Art der Arbeit: Gruppenarbeit
Zeitaufwand: 120 Minuten

alle

60 Minuten

7.5.1.6 Maßnahmenplan zur Integration

Ziel: Der Maßnahmenplan für alle Themen ist schriftlich fixiert.

Aufgabenstellung: Übertragen Sie die kurzfristigen und ggf. auch mittelfristigen *(sofern dies für Sie sinnvoll und notwendig erscheint)* Themen aus der Entwicklungslandkarte in den Maßnahmenplan, den Sie in Kapitel 7.6 finden, und füllen Sie die leeren Spalten. Legen Sie außerdem die genauen Ziele fest, die anvisierten Endtermine, den geschätzten Aufwand und die möglichen Wechselwirkungen mit anderen Themen *(Interdependenzen)*.

Entscheiden Sie, wer die Aufgabe verantwortlich übernehmen soll. Die jeweils Zuständigen erhalten im Anschluss die Aufgabe, ihre Themen im Detail aufzuschlüsseln, einen Umsetzungsplan aufzustellen und die Umsetzung voranzutreiben.

Art der Aufgabe: Gruppenarbeit
Zeitaufwand: 60 Minuten

7.5.1.7 Reviewtermin festlegen

alle

20 Minuten

Ziel: Ein Termin zur Bewertung der Umsetzung Ihrer Vision steht fest.

Aufgabenstellung: Diskutieren Sie Frequenz und Termin des oder der Reviews. Seien Sie verbindlich und realistisch.

Hinweis: Die Autoren empfehlen, einen jährlichen Reviewtermin zu vereinbaren und fest einzuplanen. Unterjährig kann dieses Review durch weitere, Ihnen sinnvoll erscheinende Termine ergänzt werden. Treffen Sie Ihre Entscheidung gemäß Ihren eigenen Vorgaben von kurz-, mittel- und langfristigen Themen.

Art der Aufgabe: Gruppenarbeit
Zeitaufwand: 20 Minuten

Exkurs: Jährliches Review

Sie haben viel Zeit und Energie in die Entwicklung Ihres Leitbilds investiert. Es ist ein überaus wertvolles Instrument, das weiter integriert und im Fokus gehalten werden sollte, damit es nachhaltig im Unternehmen verankert wird. Deshalb ist es wichtig, dass Sie Ihr Leitbild regelmäßig prüfen – am besten in einem jährlichen Review. Nur wenn Sie diese Kontrolle durchführen, können Sie sicher sein, dass der begonnene Prozess fortgeführt wird. Durch die jährliche Prüfung bleibt die Integration im Fokus und wird weiterentwickelt.

Unterziehen Sie Ihr Leitbild im Review einer kritischen Prüfung und fragen Sie sich:

- Was haben wir im abgelaufenem Jahr erarbeitet?
- Wurden die zuvor angestrebten Integrationsziele erreicht?
- Welche Themen wurden vernachlässigt und was waren die Gründe dafür?
- Welche konkreten Maßnahmen werden im kommenden Jahr umgesetzt, um das Leitbild weiter zu vermitteln und präsent zu halten?

Diskutieren Sie, welche Wirkung und welche Reichweite Ihre zurückliegenden Integrationsbemühungen erzielt haben und innerhalb welches Personenkreises sie gewirkt haben. Versuchen Sie, weitere Wege und Möglichkeiten zur Verbesserung der Integration zu finden. Schauen Sie sich außerdem die Entwicklungslandkarte an und prüfen Sie, ob die Strategie angepasst werden muss, um die Inhalte der Vision zu erreichen.

7.5.2 Wie meinen wir das? – Vermittlung des Leitbilds

7.5.2.1 Brainwriting

Sechsergruppe

45 Minuten

Ziel: Eine Ideensammlung mit möglichst vielen, heterogenen Maßnahmenvorschlägen zur Verfügung zu haben, um das Leitbild allen Mitarbeitern zu vermitteln.

Aufgabenstellung: Bilden Sie Sechsergruppen. Jeder Teilnehmer hat ein Formblatt vor sich liegen. Notieren Sie drei Maßnahmenvorschläge in der ersten Zeile des Formblatts. Halten Sie fest, wie Sie das Leitbild in das Unternehmen integrieren und bei allen Mitarbeitern bekannt machen würden. Handeln Sie spontan und kurz entschlossen – Ihr Zeitrahmen beträgt nur fünf Minuten. Hier soll die Frage beantwortet werden: Wie lauten Ihre Ideen, um den Inhalt des Leitbildes im Unternehmen zu vermitteln?

Anschließend reicht jeder in der Runde sein Formblatt mit der ersten ausgefüllten Zeile zum Teilnehmer nach links weiter. Lassen Sie sich von den Ideen Ihrer Vorgänger inspirieren und entwickeln Sie diese weiter! Nutzen Sie die fünf Minuten für drei gänzlich neue oder ggf. auch abgewandelte Ideen und schreiben Sie diese in die nächste Zeile. Geben Sie das Blatt so oft nach links, bis Ihr zuerst beschriebenes Blatt wieder bei Ihnen ist. Im besten Fall haben Sie jetzt 18 völlig unterschiedliche Ideen auf Ihrem Formblatt.

Hinweis an den Moderator: Aus unserer Erfahrung wissen wir, dass die Teilnehmer ab dem dritten Wechsel in einen teils offenen Widerstand gegen die Methodik entwickeln, weil sie glauben, dass ihnen keine weiteren Ideen einfallen.

Herzlichen Glückwunsch! Sie sind am spannendsten Punkt angekommen! Hier ist Ihre Stärke und Kraft gefragt, die Teilnehmerinnen und Teilnehmer zu ermutigen, das Undenkbare zu denken!

Unser Vorschlag für Ihr Wording: Was würden Sie jetzt aufschreiben, wenn Geld/Budget oder die Meinung der anderen keine Rolle spielen würde?

Art der Aufgabe: Gruppenarbeit in Sechsergruppen
Zeitaufwand: 45 Minuten

Exkurs: Brainwriting oder die 6-3-5 Methode

Die Technik des Brainwritings ist eine Weiterentwicklung des bekannten und oft eingesetzten Brainstormings. Die Technik wird auch 6-3-5 genannt, weil sechs Teilnehmer jeweils drei Blätter erhalten und fünfmal gewechselt wird – das Vorgehen ist etwas anders als oben in der Aufgabe.

Der entscheidende Unterschied zum Brainstorming besteht darin, dass während der Durchführung des Brainwritings nicht gesprochen wird. Die Teilnehmer rufen ihre Einfälle nicht in die Runde, sondern schreiben sie auf.

Der Vorteil der Brainwritingmethode liegt darin, dass der Einzelne nicht in seinen Überlegungen durch Einwürfe von außen beeinflusst oder gestört wird. Brainwriting zwingt zu erhöhter Konzentration, was zu großen Denkleistungen und besseren Ergebnissen führt: Bei sechs Teilnehmern entstehen innerhalb von nur 35 Minuten im besten Fall bis zu 108 verschiedene Ideen! Jeder Teilnehmer muss sich einbringen, d. h. introvertierte Menschen kommen ebenso zum Zug wie extrovertierte.

Doch Achtung! Machen Sie sich auf Widerstand gefasst! Wenn die Teilnehmer erklären, dass ihnen nichts mehr einfällt, sollten Sie die Aufgabenstellung wiederholen und evt. um Folgendes ergänzen:

- Was würden Sie aufschreiben, wenn Geld keine Rolle spielen würde?
- Was würden Sie aufschreiben, wenn Zeit keine Rolle spielen würde?
- Was würden Sie aufschreiben, wenn die Meinung der anderen keine Rolle spielen würde?
- Was würden Sie aufschreiben, wenn Ressourcen keine Rolle spielen würden?

Und vergessen Sie bitte nicht, an die Disney-Methode zu erinnern: Träumer sind erlaubt und erwünscht!

Beispiele und Anregungen aus unserer Integrationspraxis

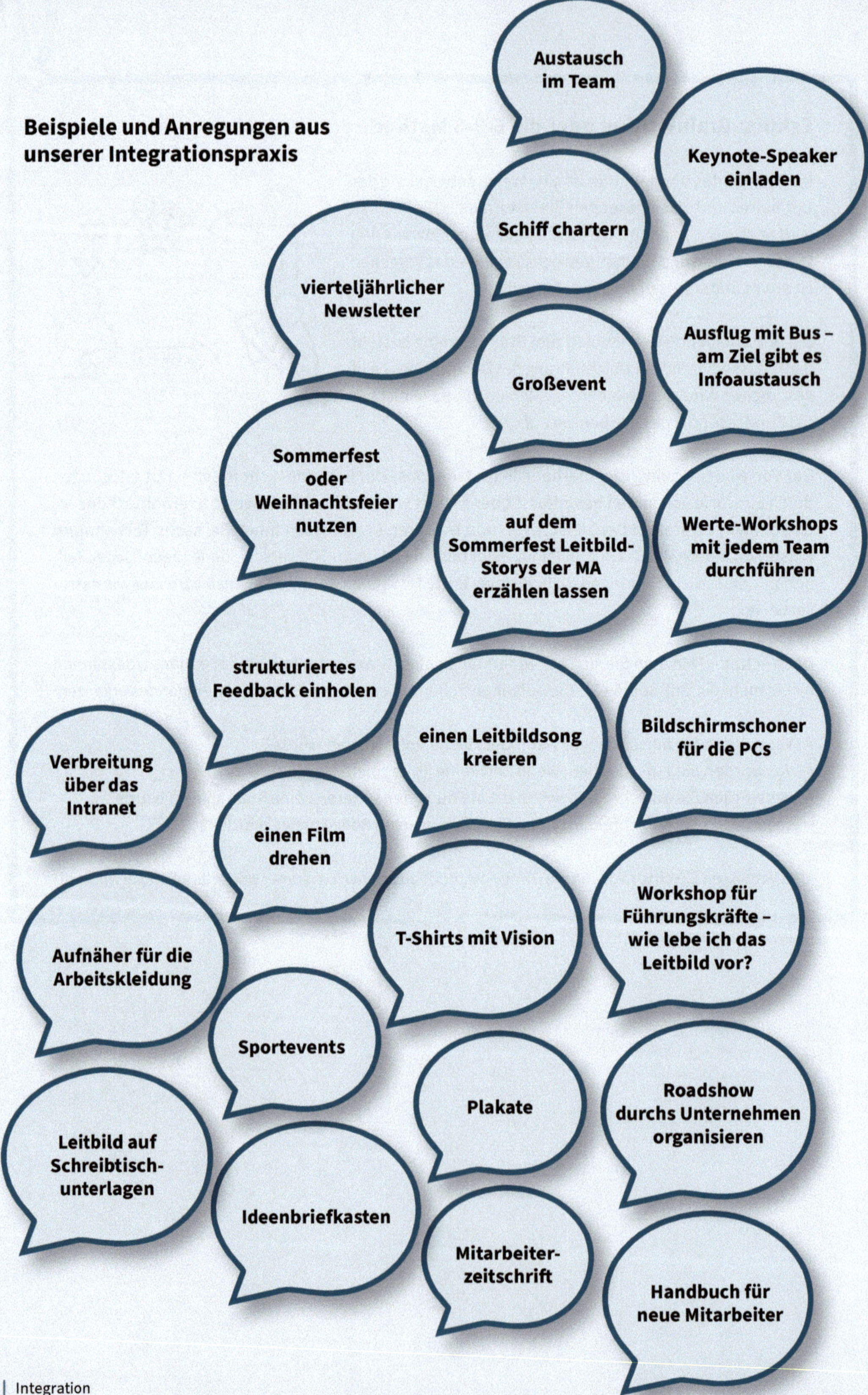

Formblatt Brainwriting – Gruppe 1

	Idee 1	Idee 2	Idee 3
Teilnehmer 1			
Teilnehmer 2			
Teilnehmer 3			
Teilnehmer 4			
Teilnehmer 5			
Teilnehmer 6			

Formblatt Brainwriting – Gruppe 2

	Idee 1	Idee 2	Idee 3
Teilnehmer 7			
Teilnehmer 8			
Teilnehmer 9			
Teilnehmer 10			
Teilnehmer 11			
Teilnehmer 12			

7.5.2.2 Präsentation an der Pinnwand

alle

90 Minuten

Ziel: Sämtliche gesammelten Maßnahmen sind für alle Teilnehmer sichtbar.

Aufgabenstellung: Übertragen Sie in Ihrer Sechsergruppe alle gesammelten Einzelmaßnahmen von den vor Ihnen liegenden Formblättern auf Moderationskarten. Präsentieren Sie als Sechsergruppe die Maßnahmenvorschläge in der Gesamtgruppe an der Pinnwand. Doppelungen, sowohl in der eigenen als auch in der Gesamtgruppe, werden dabei direkt herausgefiltert.

Art der Aufgabe: Gruppenarbeit in Sechsergruppe, Präsentation in Gesamtgruppe
Zeitaufwand: 90 Minuten

7.5.2.3 Timeline erstellen

alle

90 Minuten

Ziel: Angemessene Integrationsmaßnahmen für die nächsten zwölf Monate sind festgelegt.

Aufgabenstellung: Diskutieren Sie in der Gesamtgruppe, welche Integrationsmaßnahmen Sie zur konkreten Vermittlung des Leitbildes innerhalb des nächsten Jahres umsetzen werden. Bringen Sie Ihre Auswahl in eine sinnvolle zeitliche Reihenfolge!

Hinweis: Beachten Sie, dass es nützlich sein kann, einzelne MA-Gruppen *(z. B. FK)* separat anzusprechen. Vielleicht nutzen Sie auch Großveranstaltungen in Ihrem Unternehmen für die Leitbildintegration.

Art der Aufgabe: Gruppenarbeit aller Teilnehmer
Zeitaufwand: 90 Minuten

Maßnahme innen

Maßnahme innen

Maßnahme innen

Maßnahme innen Spezialgruppe

Maßnahme innen

Maßnahme innen

JAN – FEB – MÄRZ – APR – MAI – JUN – JUL – AUG – SEP – OKT – NOV – DEZ

Maßnahme außen

Maßnahme außen

Maßnahme außen

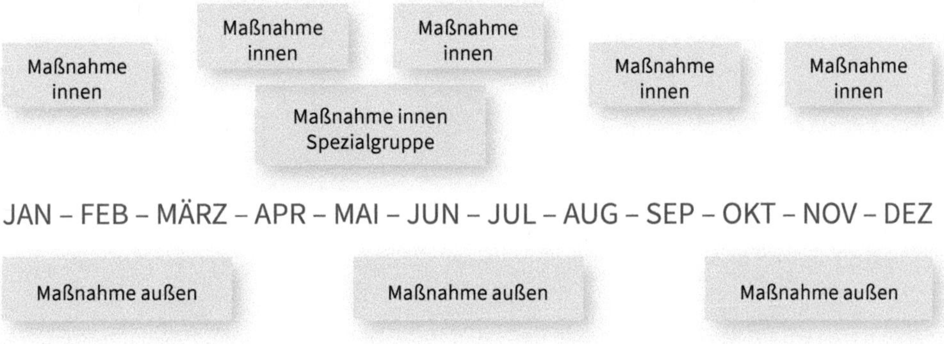

7.5.2.4 Maßnahmenplan

alle

60 Minuten

Ziel: Der Maßnahmenplan für alle auf der Timeline abgebildeten Integrationsmaßnahmen ist schriftlich fixiert.

Aufgabenstellung: Übertragen Sie die Integrationsmaßnahmen des kommenden Jahres in den Maßnahmenplan aus Kapitel 7.6 und füllen Sie die leeren Spalten.

Legen Sie außerdem die genauen Ziele fest, die anvisierten Endtermine, den geschätzten Aufwand und die möglichen Wechselwirkungen mit anderen Themen *(Interdependenzen)*.

Entscheiden Sie, wer die Aufgabe verantwortlich übernehmen soll. Die jeweiligen Verantwortlichen erhalten im Anschluss die Aufgabe, ihre Themen im Detail aufzuschlüsseln, einen Umsetzungsplan aufzustellen und die Umsetzung voranzutreiben.

Art der Aufgabe: Gruppenarbeit
Zeitaufwand: 60 Minuten

7.5.2.5 Reviewtermin festlegen

alle

20 Minuten

Ziel: Ein Termin zur Bewertung der Umsetzung Ihrer Integrationsmaßnahmen sowie zur Entwicklung einer neuen Timeline steht fest.

Aufgabenstellung: Diskutieren Sie den Termin des nächsten Reviews. Seien Sie verbindlich und realistisch.

Hinweis: Die Autoren empfehlen die Trennung von Visions- und Timeline-Review.

Art der Aufgabe: Gruppenarbeit
Zeitaufwand: 20 Minuten

Exkurs: Die wohlgeformte Zielformulierung

Es ist so weit: Sie sind bereit, Ihre Ziele festzulegen, und haben dabei selbstverständlich die Absicht, diese auch zu erreichen. Sie sind optimistisch, was die Zukunft betrifft. Ihre Erwartungen sind hochgesteckt und Sie machen sich voller Elan auf den Weg. Doch wie müssen Ziele formuliert sein, damit es möglich ist, sie auch zu erreichen? Unser Tipp: Wenn Sie bei der Formulierung Ihrer Ziele einige Regeln beachten, wird Ihr Bemühen dadurch zusätzlich unterstützt:

1. Ziele positiv formulieren
Um die eigenen Ziele genau zu erfassen, ist es hilfreich, sie in jeweils einem Satz positiv auszudrücken. Beispiel: Anstelle von »Wir wollen keine schlecht informierten Mitarbeiterinnen und Mitarbeiter mehr« lautet die positive Formulierung: »Alle kennen ihre Aufgaben und Kompetenzen.«

2. Ziele konkret formulieren
Je klarer und deutlicher ein Ziel formuliert wird, desto eher ist es zu erreichen. Stellen Sie sich Kontrollfragen wie: »Wer nimmt sich der Aufgabe an?« Wenn Sie diese Fragen für sich beantworten können, sind Sie auf dem richtigen Weg.

3. Ziele durch sinnliche Erfahrungen überprüfen
Je körperlicher und umfassender Sie Ihre Ziele beschreiben, desto leichter lässt sich das wahrscheinliche Erreichen des Ziels überprüfen. Je genauer die Vorstellung des zu erreichenden Ziels ist, desto mehr sind bewusste und unbewusste Kräfte auf dieses Ziel gerichtet.

4. Ziele selbstständig erreichen
Ziele sind besser und einfacher zu erreichen, wenn die Beteiligten sie selbst umsetzen oder selbst weiterverfolgen. Weil das nicht immer möglich ist, ist es hilfreich festzulegen, wer nach Erreichen des Ziels was genau und in welcher zeitlichen Reihenfolge zu tun hat.

5. Ziele realistisch formulieren
Überprüfen Sie, ob Ihre Ziele auch für Ihr Unternehmen realistisch sind. Sie sollten davon überzeugt sein, dass die gemeinsamen Ziele auch wirklich erreicht werden können. Kleine Ziele sind meistens realistischer als zu hochgesteckte Erwartungen.

6. Bedeutsame Ziele wählen
Ihre Ziele sollten attraktiv und begehrenswert sein. Es muss einen Unterschied machen, ob Ihre Ziele erreicht werden oder nicht. Wenn Sie nach dem Erreichen des Ziels mit einem Achselzucken feststellen »Nice to have«, dann ist das Ergebnis zu wenig für die Anstrengungen, die nötig waren, um dorthin zu kommen.

7.6 Die grüne Seite – Ihr Maßnahmenplan

Thema des Entwicklungskorridors	**Ziele** *(siehe Exkurs)*	**Endtermin**

Aufwand gering/mittel/hoch	Interdependenzen	Verantwortlicher	1. Schritt

Geschafft! Kompliment! Sie haben alle Etappen mit Erfolg bewältigt, äußere Einwirkungen, störende Unwetter und unerwartete Hindernisse konnten Sie nicht aufhalten. Jetzt sind Sie ganz oben – da, wo Sie hin wollten – und können den freien Ausblick ausgiebig genießen!

8. Schlusswort

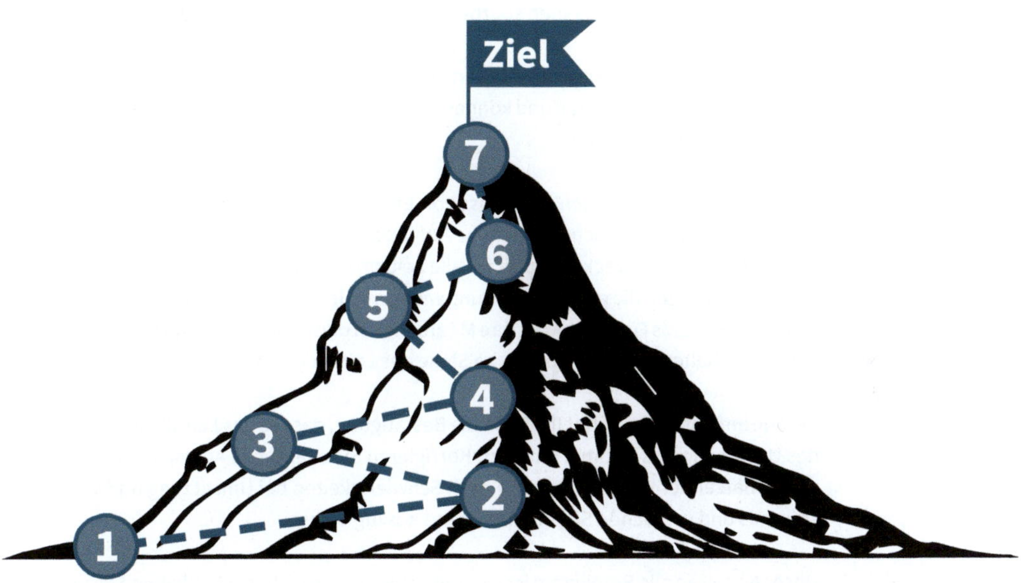

8.1 Herzlichen Glückwunsch zur Erarbeitung Ihres Leitbildes

Erinnern Sie sich an die Worte ganz am Anfang dieses Buches? *»Eine gelungene und treffende Positionierung hat eine ungeheure Kraft, die nach innen ebenso wie nach außen wirkt.«*

Dieses alles überragende Instrument steht Ihrem Unternehmen jetzt zur Verfügung. Wir wünschen Ihnen aus ganzem Herzen, dass die neue Strategie Ihnen bei allen Ihren Vorhaben, aber vor allem im Wettbewerb, bei der Kundengewinnung und im Umgang mit Ihren jetzigen und zukünftigen Mitarbeitern weiterhilft.

Zu Ihrem Einsatz und Ihrem Fleiß gratulieren wir Ihnen ganz herzlich. Sie haben beträchtliche Energie und großes Durchhaltevermögen bewiesen.

Immerhin liegen viele Monate intensiver Arbeit, bestehend aus Recherche, Ideenfindung, Diskussion, Austausch und dem Treffen von schwierigen Entscheidungen hinter Ihnen. Um in die gewünschte Umsetzung zu kommen, mussten Sie bei Ihren Ermittlungen immer wieder tief ins Detail einsteigen.

Manche der zurückgelegten Etappen waren vielleicht in ihrer Aufgabenstellung sehr abstrakt und es war nicht immer klar zu erkennen, wo es diesmal hingeht und was erreicht werden soll. Sie hatten den Mut, die Willenskraft und das Vertrauen, sich dennoch darauf einzulassen und einen weiteren Schritt nach vorn zu machen. Ein neues Denken, ein anderes Verhalten ist auf diese Weise entstanden, das Ihrem Unternehmen schon jetzt einen spürbaren Wettbewerbsvorteil verschaffen sollte.

Dadurch, dass sich die Mitarbeiterinnen und Mitarbeiter nun aktiv an der Entwicklungsarbeit beteiligen dürfen und können, haben Sie bewiesen, dass Sie bereit sind, Verantwortung abzugeben.

Aber mit dem erfolgreichen Abschluss von Entwicklung und Integration ist noch nicht alles getan. Ihre nächste, wichtige Aufgabe ist ein Dauerbrenner: Sie besteht darin, den einmal geweckten Spirit für alle Zeit am Leben zu erhalten. Ihr ermitteltes Leitbild spiegelt die generelle Haltung wider, mit der im Unternehmen gehandelt wird. Leiten Sie als Führungskraft Ihre Mitarbeiter in dieser Haltung an und schätzen Sie das Verhalten Ihrer Mitarbeiter im Sinne des Leitbildes wert.

Gerade am Anfang benötigt Ihr Team die Bestätigung, dass es das Leitbild im Sinne des Unternehmens optimal umsetzt. Korrigieren Sie eventuelle Abweichungen in wertschätzender Weise, fragen Sie nach Schwierigkeiten bei Umsetzung und Verständnis und versuchen Sie, entsprechend auszugleichen.

Unser Appell an alle Beteiligten ist eindeutig: Lassen Sie nicht nach. Bleiben Sie am Ball. Bewegen Sie sich auf dem eingeschlagenen Weg weiter vorwärts. Ihr Einsatz wird sich lohnen und Sie werden erkennen: Ihre Klarheit nimmt von Jahr zu Jahr zu. Nutzen Sie diese Erkenntnis zu Ihrem Vorteil!

Wir wünschen Ihnen gutes und erfolgreiches Gelingen für Ihren weiteren Weg.

8.2 Die Führungskräfte als Vorbild

Ihr klar und unmissverständlich formuliertes Leitbild liegt vor. Bei der Übertragung in den unternehmerischen Alltag kommt Ihren Führungskräften eine wichtige Rolle zu: Da sie Vorbilder sind, sind sie in der Pflicht. Das heißt, dass Führungskräfte ihre Rolle pflegen und leben müssen, da an ihnen das Leitbild gemessen wird. Sind sie nicht in der Lage, das Unternehmensleitbild mitzutragen und danach zu handeln, werden die Mitarbeiterinnen und Mitarbeiter nicht folgen. Bedenken Sie die große Macht, die Ihre Führungskräfte damit besitzen.

Den Erfolg eines Leitbildes können Sie daran messen, was Sie sehen und erleben. Egal ob Mitarbeiter, Führungskraft, Kunde oder Lieferant: Wird uns das Verhalten entgegengebracht, das im Leitbild niedergeschrieben ist? Kann auch eine unternehmensfremde Person ohne jegliches Vorwissen erkennen, dass nach einem Leitbild gelebt wird? Wird das Leitbild konsequent verfolgt? Und ganz wichtig: Passt dieses Leitbild in all seinen Formulierungen zum Unternehmen und seinem Zweck? Ist es authentisch?

Für Ihren weiteren Weg und für Ihren Erfolg als Unternehmen wünschen wir Ihnen gutes Gelingen und das Quentchen Glück, das einfach dazugehört.

8.3 Unterstützung bei der Bewerberauswahl

Der Erfolg oder Misserfolg Ihres Leitbildes ist untrennbar an das Verhalten der Mitarbeiterinnen und Mitarbeiter geknüpft. Deshalb sollten Sie schon im Recruitment darauf achten und nach Menschen suchen, die sich mit Ihrem Leitbild identifizieren und zum Denken und Verhalten Ihres Unternehmens passen.

Das Leitbild hilft Ihnen bei der Beurteilung. Legen Sie neben Ihre fachliche Messlatte zusätzlich Ihr Leitbild. Ermitteln Sie im Bewerbungsinterview, nach welchen Wertvorstellungen der Kandidat oder die Kandidatin lebt und handelt. Sind Übereinstimmungen vorhanden? Erkennen Sie Gemeinsamkeiten? Ihr Leitbild gibt Ihnen mehr Sicherheit und schützt Sie vor Fehlentscheidungen.

9. Quellen und Fachliteratur-Empfehlungen

9.1 Fachliteratur

Antonovsky, Aaron – Salutogenese. Zur Entmystifizierung der Gesundheit
Bär/Krumm/Wiehle – Unternehmen verstehen, gestalten, verändern
Collins/Porras –Immer erfolgreich
Covey, Stephen R. – Focus. Achieving your highest priorities
Dilts, Robert – Die Veränderung von Glaubenssystemen
Doran, George T. – There is a S.M.A.R.T Way to Write Management's Goals and Objectives
Finckler, Peter – Transformationale Führung
Fritzsche, Thomas – Wer hat den Ball – Mitarbeiter einfach führen
Gallup-Studie – Engagement-Index Deutschland
Göbel, Elisabeth – Unternehmensethik
Grün, Anselm – Führen mit Werten
Helm/Günter/Eggert – Kundenwert
Higgins/Wiese – Innovationsmanagement
Joas, Hans – Wie entstehen Werte?
Kaiser, Alexander – Wissensbasierte Visionsentwicklung in Unternehmen
Kinne, Peter – Die Kunst, bevorzugt zu werden
Kissner, Oliver – Erfolgreiche Positionierung
Mann, Rudolf – Das ganzheitliche Unternehmen
McGregor , Douglas – Theorie X und Theorie Y
Meffert/Burmann/Kirchgeorg – Grundlagen marktorientierter Unternehmensführung
Merath, Stefan – Der Weg zum erfolgreichen Unternehmen
Misar, Paul – Einzigartig
NLPedia – Die NLP-Enzyklopädie
Reichwald/Piller – Interaktive Wertschöpfung
Sinek, Simon – Start with Why. How Great Leaders Inspire Everyone to Take Action
Springer, Reinhard K. – Das anständige Unternehmen
Strelecky, John – Big Five for Life
Stolzenberg/Heberle – Change Management

9.2 Websites und Blogs

https://forumwerteorientierung.de/
www.agile-master.de
www.business-netz.com
www.business-wissen.de
www.coach-fuer-unternehmer.com
www.denkmotor.com
www.enzyklo.de
www.hafawo.at/beruf-und-karriere
www.handelsblatt.com
www.haufe.de
www.informatik.uni-oldenburg.de
www.kulturwandel.org
www.lead-conduct.de
www.lexoffice.de
www.majastorch.de
www.manager-wiki.com
www.perspektive-mittelstand.de
www.projekte-leicht-gemacht.de
www.sunternehmensentwicklung.de
www.springerprofessional.de
www.transformation.at
www.unternehmercoach.com
www.vertriebslexikon.de
www.wertesysteme.de
www.zeitblueten.com
www.zeit.de/karriere/beruf/2014-09/lob-wertschaetzung-chef-mitarbeiter
www.zeitzuleben.de

Exklusiv für Buchkäufer!

Ihre Arbeitshilfen zum Download:

- **http://mybook.haufe.de/**
- **Buchcode:** LDK-7091